U0149968

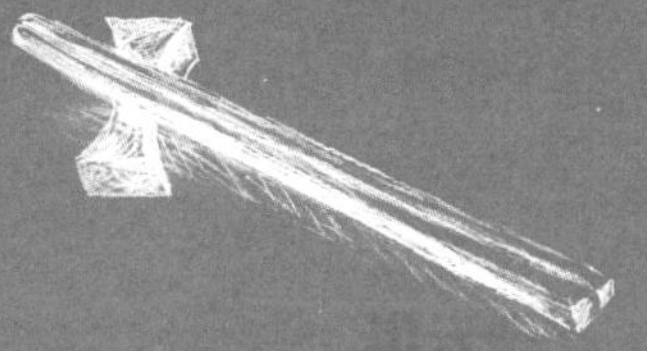

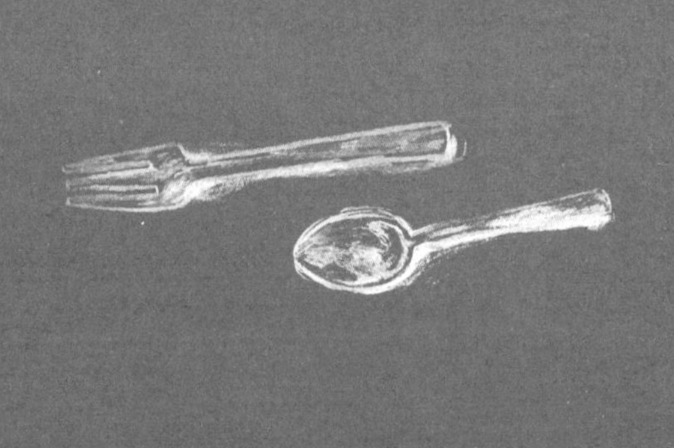

清·袁枚 著／许汝纮 编注／曹云淇 绘

随园食单

——不负好食光

畅销200多年的传奇菜谱

全译+典故+注释本

中国轻工业出版社

目录

目录

目　录

目录

目录

清朝的斜杠青年
——袁枚的胜利人生

他中年辞官，善于理财，坐拥万金，田产无数，家财万贯；

他文采飞扬，诗名显赫，狂放不羁；

他热爱大自然，走访名山大川，遍尝美食，一生恣意潇洒……

用现代人的眼光来看，袁枚算得上是一个成功人士，可谓斜杠青年的代表，身兼官员、教师、作家、美食家，还是地产达人。他文章写得好，为官政绩佳；退休后游遍名山大川，理财有道，为人仗义，行事不羁，随心所欲，享有高寿，可谓人生胜利组。

袁枚擅长写诗、写赋、制艺，也能写骈体文、小品文、笔记类文章，辞采丰美，评论凌厉，而他又是“清代骈文八大家”“江右三大家”之一，年轻时被当时的大学士史贻直称赞为“当世之贾谊”。他的文章与大学士纪昀（纪晓岚）齐名，当时的人盛赞二人为“南袁北纪”。

袁枚当官也当得颇有政绩，还很懂得科学办案的方法。他经常四处探访民情，并且在自己管辖的县内安排了大量的耳目，暗中将土豪恶霸、劣绅奸人们通通列册记录，每当有案件发生，他就会一一核对名册，并与地方人士合作破案。他处罚坏人，除了依法用刑之外，还会将他们作奸犯科的恶劣行径写成文章，公告在县衙里，直到犯人彻底改过，三年不再犯案之后，才会撕毁布告，因此，想做坏事的人都会心生警惕，不敢轻易犯法。两江总督尹继善就称赞他说："可谓宰相必用读书人矣！"他不惧权贵，推行法治的清新作风，赢得百姓的赞誉，直说："吾邑有少年袁知县，乃大好官也。"

然而这样的政绩美名并没有让袁枚迷失了自己，他在中年时就厌倦了尔虞我诈的官场百态，辞官退休。告别了官场的袁县令，才有了文坛上的袁才子。他在金陵（今南京）小仓山买下了荒废已久的"织造园"，据说这里就是曹雪芹笔下的大观园。袁枚曾经这么形容当时的情景："园倾且颓……百卉芜谢，春风不能花。"买下来之后，袁枚便对园子加以整治，就势取景，凿池造林，改名为"随园"。他在《杂兴诗》中描写了随园的景致，说这里："造屋不嫌小，开池不嫌多；屋小不遮山，池多不妨荷。游鱼长一尺，白日跳清波；知我爱荷花，未敢张网罗。"可见随园的景致绝对是诗情画意、美不胜收。

在修筑完这座美丽的居所后，袁枚开始了他闲云野鹤般的畅快人生。他恬淡悠闲，大量搜集书籍，创作诗文，自由自在地在此度过了将近50年，直到82岁去世。在小仓山的随园里，他写下了《小仓山房尺牍》，这本书与许葭村的《秋水轩尺牍》、龚未斋的《雪鸿轩尺牍》，并称"清代三大尺牍"。

家财万贯却云淡风轻

袁枚热爱旅行，不仅经常游历南方的名山大川，四处游山玩水、结交诗友，他还是个经商高手，不仅拆掉随园的围墙，无条件开放他美轮美奂的私人庭园，还免收门票，让大众随意参观游玩，并大力推广自家园林的观光产业。他同时也是一位美食家，乾隆57年（1792年），他写成了《随园食单》，这是清朝一部有系统地论述烹饪技术和南北菜点的重要著作。他以《随园食单》里的各种名菜，吸引游客慕名前来随园观光。袁枚极力渲染着随园食物的精妙和私厨的烹饪水准，让那些热衷口腹之欲者趋之若鹜。袁枚对于饮食氛围也极其讲究，只要有重要客人来，他都会将餐桌摆到一些景致极美的亭台楼榭里，并安排自家的美女为客人唱歌跳舞。如此一来，一传十，十传百，随园的饮食生意变得异常火爆。

随着随园里的游客增多，袁枚也不忘顺便卖卖他的个人著作。退休之后的袁枚写下多部畅销书，包括《小仓山房文集》《随园诗话》《随园食单》《补遗》《子不语》《续子不语》《祭妹文》等。他的鬼怪笔记小说《子不语》，还与纪晓岚的《阅微草堂笔记》齐名。光是他在自己的园子里卖自己写的书，一年就可以赚进3000~4000两白银，真可谓是当时的畅销书作家了。

除此之外他还是个理财高手及投资专家。他当官八年，除了大量购书之外，剩下的俸禄几乎都存了下来。退休之后，他将自己的钱财拿来投资，购置大量田产，也招募了许多佃农，从而蓄积了数万两银子，加上他的文采盛名在外，时常为各地的富豪、世族写跋、撰序、作墓志铭，光是这些润笔费的收入就颇为丰厚，林林总总加起来，袁枚算得上是个富翁了。

但袁枚绝对不是一个守财奴，他为人仗义，经常接济朋友，在好友程晋芳去世的时候，他焚毁了程晋芳所欠的白银五千两借据，不仅不向其亲人索讨欠债，还拿了一笔钱馈赠给程晋芳的遗孤。在袁枚过世时，他留下了“田产万金，余银两万”，他将这些钱财委托给专人经营管理，用利息供家族后人读书生活之用。想想现在许多富豪在过世之后，子女为了争夺遗产不惜对簿公堂，袁枚可谓高瞻远瞩。

袁枚以“诗”名闻当世，对于诗，有人讲神韵，有人重格调，但袁枚提倡“性灵说”。他十分反对清初以来的拟古文风和形式主义的流弊，让诗坛风气为之一新，在乾隆时期，他是当时的诗坛盟主。他也是女性文学的倡导者，他收的弟子以女弟子居多；1912年11月24日文学大师卡夫卡（Franz Kafka，1883—1924年）在写信给当时的未婚妻菲莉斯·鲍威尔（Felice Bauer，1887—1960年）时，就引用了袁枚的《寒夜》：“寒夜读书忘却眠，锦衾香尽炉无烟。美人含怒夺灯去，问郎知是几更天。”《随园诗话》中有许多这样的作品，但也有人不喜欢这样的诗，认为袁枚油腔滑调，不如他的散文写得好。

恣意潇洒过精彩人生

有着精彩人生的袁枚，出生于1716年的浙江钱塘县（今浙江杭州），字子才，号简斋，别号随园老人，当时的人称他为随园先生。出生时家中贫困，全都仰赖母亲章氏以针线女红持家，因此袁枚发愤苦读，12岁就中了秀才，乡里都视他为神童；乾隆元年，年仅20岁的他就入京赴考，主考官认为他年纪太小，没有录取他；直到乾隆四年，袁枚24岁才中了进士。袁枚的文名极佳，却不知为什么不受翰林院的青睐，被外派为知县。

年轻时袁枚就喜欢追求山林之乐，但由于遵循“父母在，不远游”的古训，一直到他67岁服丧完毕之后，才开始了尽情游历山水的旅行。68岁时，袁枚游历了黄山，69岁，他跑得更远，正月出发，腊月底才回家，71岁还去了武夷山，73岁游江苏沭阳，77岁二度游历天台山，79岁三度游历天台山，80岁又到了吴越之间游历，即便是到了81岁还去吴江游玩。要知道，当时的交通有多么不方便，以这么大的年纪，袁枚还能够承受舟车劳顿、跋山涉水之苦，却依旧兴致不减。如此频繁的出游，可见他身体状况之佳、精力之充沛，难怪当时有人称赞他“八十精神胜少年，登山足健踏云烟”。

袁枚极重亲情，侍母至孝，母亲临终之前他跪在床前痛哭失声，母亲用最后的力气抬手帮他拭泪才死去。他对妹妹也非常珍爱，他的《祭妹文》不知感动了多少人，至今读来仍然令人心酸。无论用什么样的角度来看待袁枚，也不管你对他的行径认同与否，拥有这样的人生际遇，如此的豁达胸襟，看待世事云淡风轻，积极享受快乐的人生态度，确实是一段潇洒生活、不负好时光的精彩人生。

序

诗人美周公[1]而曰："笾豆有践"[2]，恶凡伯而曰"彼疏斯稗"[3]。古之于饮食也，若是重乎！他若《易》称鼎烹，《书》称盐梅，《乡党》《内则》琐琐言之，孟子虽贱饮食之人，而又言饥渴未能得饮食之正。可见凡事须求一是处，都非易言。《中庸》曰："人莫不饮食也，鲜能知味也"；《典论》曰："一世长者知居处，三世长者知服食"。古人进鬐离肺[4]，皆有法焉，未尝苟且。子与人歌而善，必使反之，而后和之。圣人于一艺之微，其善取于人也如是。余雅慕此旨，每食于某氏而饱，必使家厨往彼灶觚[5]，执弟子之礼。四十年来，颇集众美。有学就者，有十分中得六七者，有仅得二三者，亦有竟失传者。余都问其方略，集而存之，虽不甚省记，亦载某家某味，以志景行。自觉好学之心，理宜如是。虽死法不足以限生厨，名手作书，亦多有出入，未可专求之于故纸；然能率由旧章，终无大谬，临时治具，亦易指名。或曰："人心不同，各如其面，子能必天下之口皆子口乎?"曰："执柯以伐柯，其则不远。[6]吾虽不能强天下之口与吾同嗜，而姑且推己及物。则饮食虽微，而吾于忠恕之道，则已尽矣，吾何憾哉!"若夫《说郛》所载饮食之书三十余种，眉公、笠翁[7]亦有陈言；曾亲试之，皆阏于鼻而蜇[8]于口，大半陋儒附会，吾无取焉。

译文

诗人以："就像祭祀或宴会的食器，排列得井然有序"，来称赞周公治国有方，而对于凡伯的无能，也厌恶至极地说他是个“明明应该吃粗食之人，却反而吃着精粮”。可见得古人对于日常饮食，是十分重视的。至于《周易》中提到的烹饪方法；《尚书》中提到的盐梅调味料；《乡党》《内则》反复提到的饮食细节则不胜枚举。孟子虽然鄙视过度讲究饮食的人，但却也说过饥不择食的人永远不知道食物美味的话。可见凡事都必须依循一定的准则，不可以轻易地就下结论。《中庸》一书中说道："人都需要饮食，可是真正能够体会饮食滋味的人实在是太少了。"《典论》中也说："富有人家的第一代都知道一定要拥有自己的房子，但直到富了三代之后才会开始懂得讲究吃与穿。"古人对于吃鱼及宰分牛羊的肺叶，都有一定的程序与方法，从来都不会马虎了事。"孔子和他人一起唱歌，如果人家唱得好，必定也会邀请他再唱一曲，并且学着与对方一同唱和。"孔子对这种小事情都能虚心学习，实在是难能可贵。

注释①【**周公**】姓姬名旦，是周文王的第四个儿子、周武王的弟弟，也是西周时期的政治家与思想家，曾经两次辅佐周武王伐纣，并制作礼乐，使当时的天下承平。因为他的采邑封在周地，封爵为上公，因此称他为周公。

②【**笾豆有践**】笾，古代祭祀或宴会时，用来盛放果干的竹编食器；豆，古代的食器，形状像一个高脚的盘子，后来多用于祭祀；践，陈列整齐的样子。出自《诗经·豳风·伐柯》篇。

③【**彼疏斯稗**】疏，粗，即糙米。稗，即稗米，指精米。出自《诗经·大雅·召旻》篇。

④【**进鬐离肺**】鬐，原指鱼鳍，此处指鱼或者鱼翅。离肺，是指分割牛羊猪等祭品的肺叶。

⑤【**灶觚**】指的是厨房。

⑥【**执柯以伐柯，其则不远**】柯，斧头的柄，比喻遵循着一定的准则。出自《诗经·豳风·伐柯》篇。

⑦【**眉公、笠翁**】眉公，是明代的文学与书画家陈继儒，字仲醇，号眉公；笠翁，是明末清初的文学家与剧作家李渔，字适凡，号笠翁。

⑧【**阏于鼻而蜇于口**】阏，堵塞的意思；蜇，刺痛的意思。

我很仰慕这样的精神，每一次在别的地方饱尝美食之后，我都会让家里的厨师以弟子的身份前去拜师学艺。四十年来我搜集了各家美食的烹制方法，其中有些技巧一学就会，有些也能掌握十之六七，有的则只能粗略地理解其中的二三分，也有的就真的完全失传了。对于这些美食我都会虚心地去请教对方，并且将这些方法一一整理记录下来。至于有些烹制方法虽然我不太能理解，但也会记录这是出自于某家或某菜，以表达我的仰慕之意。虚心学习，本来就应当如此。虽然那些陈规陋俗无法限制名厨的巧手艺，但即使是名家之作也未必都能做到完全与当初的味道吻合，因此，我认为，烹制食物无须拘泥于食谱中所记载的方法。当然，若是能按照书上的步骤来做，至少不会犯什么大错。在必须临时准备酒席时，总是也有方法可以参照。

有人说："人心各异，就好似千人千面，怎么能够保证天下人的口味都和自己的一样呢?"我认为："只要依循一定的方法，应该差异不会太大。虽然我不奢求大家的口味都跟我一样，但却不妨碍我将自己喜欢的美食与大家分享。饮食这件事虽只能算是一件小事，但基于忠恕之道，我已尽心尽力了，还有什么可遗憾的呢?"至于《说郛》中所记载的三十多种饮食方法，陈继儒、李渔也都有饮食方面的著作。我曾经亲手尝试着按照记载去烹制菜肴，但都十分难吃，想必多半是浅陋书生牵强附会的说辞罢了，我在书中并未予以采纳。

关于《说郛》

《说郛》是由元末明初的学者陶宗仪所编纂，书名取自扬子说的："天地万物郭也，五经众说郛也"，在顺治四年（1647年）编完，一共有100卷，收集秦汉至宋元名家共1292种古籍，条目数万，内容包括有经史传记、百氏杂书、考古博物、山川风土、虫鱼草木、诗词评论等，内容包罗万象。《说郛》编完之后不久陶宗仪就病逝了，其抄本多被松江文士所收藏。杨维桢在序中如此写道："学者得是书，开所闻扩所见者多矣。"

须知单

做学问的道理，在于先学会了知识再动手去执行，饮食烹调的道理也是如此。因此撰写了《须知单》。

学问之道，先知而后行，饮食亦然。作《须知单》。

先天须知

世界上所有的事物都有其先天的特质，就像人一样，各有各不同的天资与禀赋。若是人的禀性愚昧低下，就算是让孔子、孟子亲自来教导，也是无济于事的；同样的道理，如果食物材料本身的品质就不够好，即使让易牙这样的名厨来烹调，也很难做出美味佳肴来。

概括来说：猪肉要以皮薄的为佳，不可以有腥臊味儿；鸡最好选用阉过的嫩鸡，不要用太老或太小的鸡；鲫鱼要以身扁肚白的比较好吃，黑背的鲫鱼，肉质较硬，盛盘之后卖相必然不佳；鳗鱼以生长在湖水、溪水中的比较好，生长在江水里的鳗鱼，骨刺交错，鱼刺多得像枝丫一样；用谷米喂养的鸭，肉质白嫩肥美；施过肥的土地中长出来的竹笋，笋节较少而且味道鲜甜。同样是火腿，好坏之间有如天壤之别；同样产自浙江台州的鱼干，味道也如同冰火两重天。其他食物原料也可以以此类推。

大体而言，一席佳肴，厨师的手艺占六成的功劳，而采买人的水平则占了四成。

残忍的易牙

易牙是齐桓公的宠臣，也是专门料理齐桓公饮食的厨师。易牙因为厨艺高超，擅长调味，开创了私人饭馆之先河，因而被厨师行业尊称为祖师爷。他也是第一个用独特调味方式烹饪齐国菜肴的厨师，对后来四大菜系之一的鲁菜产生深远的影响。

有一次齐桓公开玩笑说：“惟蒸婴儿之未尝”，这句无心的话却被易牙牢记于心，于是“杀子以适君”，可见易牙是个多么残忍的人，为了讨好国君竟连自己的亲生骨肉都杀了煮给齐桓公吃。管仲临终时，齐桓公问管仲：“谁可为相”，管仲说，“易牙杀子，没有人性，不宜为相”。于是桓公便将易牙等人革了职。三年之后，齐桓公因为饮食清淡无味，还是将易牙召进了宫。等到齐桓公病重，竖刁、易牙、启方等人发动政变，桓公被关在寝殿里活活饿死。数十天之后腐尸蛆虫爬出屋外，才被发现齐桓公已经死了，真是令人不胜唏嘘。

原文

凡物各有先天，如人各有资禀。人性下愚，虽孔、孟教之，无益也；物性不良，虽易牙烹之，亦无味也。指其大略：猪宜皮薄，不可腥臊；鸡宜骟嫩，不可老稚；鲫鱼以扁身白肚为佳，乌背者，必倔强于盘中；鳗鱼以湖溪游泳为贵，江生者，必槎丫其骨节；谷喂之鸭，其膘肥而白色；壅土①之笋，其节少而甘鲜；同一火腿也，而好丑判若天渊；同一台鲞②也，而美恶分为冰炭。其他杂物，可以类推。大抵一席佳肴，司厨之功居其六，买办之功居其四。

注释①【壅土】在植物根部施有肥料的泥土。

②【鲞】剖开晾干的腌制鱼干。

作料须知

厨师所使用的调味料，就跟女人的衣服和首饰是一样的。有的女人虽然仙姿貌美，化妆技术高明很会擦脂抹粉，但如果穿得破破烂烂的，即使她貌美如西施，也很难让人发现她的美貌。擅长烹饪的名厨，用酱必用夏日三伏天制作而成的酱料，还必须亲自尝一尝味道是否甘美；用油则一定会有独特的香味，而且还必须辨别究竟是生油还是熟油；酒则一定会用发酵过后的米酒，而且还得将酒里的糟粕过滤掉；醋则使用米醋，味道要清爽甘醇。

而且，酱有清、浓之分，油有荤、素之别，酒有酸、甜之分，醋有新、陈之异，使用时千万不可有丝毫的差错。其他的例如葱、花椒、姜、桂、糖、盐等调味的材料，虽然使用得不多，但也应该挑选品质最好的。苏州店铺所卖的酱油，分成上、中、下三种等级。镇江醋颜色虽好，但是酸味不足，失去了醋的本意。醋还是以板浦醋的品质最好，浦口醋次之。

酱油与醋

中国在很早就发现了甘、酸、辛、苦、咸五味，也依此研制了名目众多的调味品，而中国人使用最多的调味品除了盐之外，应该就数酱油和醋了。

板浦滴醋与山西陈醋、镇江香醋并称中国三大名醋。据说康熙年间的“汪恕有滴醋”最有名。相传三百多年前，徽州汪懿余迁居板浦，兴建了制糖与醋的作坊，取店名为“恕有”。“恕有”酿制的醋每次只需要几滴就足够香醇，因此被称为“滴醋”。乾隆皇帝吃了“汪恕有滴醋”之后赞不绝口，便将它封为贡品。袁枚也曾经亲自跑到板浦买了一坛汪氏滴醋，烹制了一碟糖醋鱼。

酿造酱油一般是以大豆为主要原料，加入水、食盐经过制曲和发酵的过程，在各种微生物繁殖时分泌的各种酶的作用之下，所酿造出来的一种液体。然而酱油的酿造纯粹是偶然发现的。最早的酱油起源于中国古代皇家使用的调味料，是用鲜肉腌制而成，与现今的鱼露制造过程相似，因为风味绝佳渐渐流传到民间。后来发现大豆也可以酿制成风味相似且更加便宜的酱油，才开始广为流传至民间。古法酿造的酱油必须经过一到三年的时间等待熟成，渗出原汁酱油时，用长柄竹筒从酱缸中舀出的酱油称作“抽”。酱缸的第一抽，称为头抽，味道最鲜美。等到秋天霜降之后再打开酱缸，汲取头抽的便是秋油。秋油细致绵密，豆香饱满，滋味甘醇悠长。秋油算是最好的酱油。

厨者之作料，如妇人之衣服首饰也。虽有天姿，虽善涂抹，而敝衣褴褛，西子亦难以为容。善烹调者，酱用伏酱，先尝甘否；油用香油，须审生熟；酒用酒酿，应去糟粕；醋用米醋，须求清冽。且酱有清浓之分，油有荤素之别，酒有酸甜之异，醋有陈新之殊，不可丝毫错误。其他葱、椒、姜、桂、糖、盐，虽用之不多，而俱宜选择上品。苏州店卖秋油，有上、中、下三等。镇江醋颜色虽佳，味不甚酸，失醋之本旨矣。以板浦醋为第一，浦口醋次之。

◆ 洗刷须知 ◆

食材的清洗也要讲究方法，就像燕窝要剔除残留的燕毛，海参必须彻底清除腔中的泥，鱼翅要仔细刷掉沙子，鹿筋要除去难闻的腥臊味。猪肉上的筋要用刀剔除干净，烹调时才能将它烧得酥软；鸭肾臊味很重，一定要切掉才会干净；鱼胆只要一破，整盘鱼都会发苦；如果鳗鱼的黏液没洗干净，整碗都是腥味；韭菜要去掉叶子留下白茎，白菜要去边留着菜心。《礼记·内则》上说："鱼去鳃与肠，鳖去鳖窍。"谚语说："若要鱼好吃，洗得白筋出。"就是这个道理。

原文

洗刷之法，燕窝去毛，海参去泥，鱼翅去沙，鹿筋去臊。肉有筋瓣，剔之则酥；鸭有肾臊，削之则净；鱼胆破，而全盘皆苦；鳗涎存，而满碗多腥；韭删叶而白存，菜弃边而心出。《内则》曰："鱼去乙[①]，鳖去丑[②]。"此之谓也。谚云："若要鱼好吃，洗得白筋出。"亦此之谓也。

注释①【乙】指鱼的鳃，也有指鱼肠。

②【丑】动物的肛门，这里指的是鳖窍。

◆ 本分须知 ◆

满人做菜，大多用烧煮的方式，汉人做菜则喜好羹汤，他们从小就是这样学习的，因此做菜的方法各有擅长。汉人宴请满人，满人宴请汉人，都会使用各自擅长的菜肴招待宾客，这倒是让人觉得吃起来很新鲜，不会像邯郸学步一样，丢失了自己的特色。很多人都忘了本分，刻意去讨好客人。汉人请满人时用满菜，满人请汉人时用汉菜，结果反而成了依样画葫芦，有名而无实，真是所谓的画虎不成反类犬。秀才进考场应试，只要专心写好自己的文章，竭尽自己的全力，自然会遇见赏识自己的人。如果一味地模仿某位宗师的文章，或者刻意模仿逢迎某位主考官的风格，那样只能学到皮毛，终身难以考中功名。

原文

满洲菜多烧煮，汉人菜多羹汤，童而习之，故擅长也。汉请满人，满请汉人，各用所长之菜，转觉入口新鲜，不失邯郸故步。今人忘其本分，而要格外讨好。汉请满人用满菜，满请汉人用汉菜，反致依样葫芦，有名无实，画虎不成反类犬矣。秀才下场，专作自己文字，务极其工，自有遇合。若逢一宗师而摹仿之，逢一主考而摹仿之，则掇皮[1]无真，终身不中矣。

注释1【掇皮】只抓到皮毛。掇，拾取的意思。

调剂须知

调味的方式，全因食材而定。有的菜必须用酒和水，有的则只须用酒不用水，有的却只用水不用酒；有些菜，盐和酱油要一起用，有的只用酱油不用盐，有的只用盐而不用酱油；有的食物太过油腻，要先用油煎一下；有的食材气味太腥，要用醋喷一下；有的食材必须先用冰糖去腥取鲜；有的食物最好要将汁烧到干，汁味渗入食物，味道更好，一般煎炒的菜就是这么做的；有的菜则贵在汤汁多，能让食物的味道融在汤汁中，一般来说，都是一些清爽而容易浮在汤上面的食物。

调味的重要性

《吕氏春秋・本味》上记载："调和之事，必以甘、酸、苦、辛、咸，先后多少，其齐甚微，皆有自起。"这说明了油、盐、酱、醋各种调味品，先后主次，都必须恰到好处，不能过头，但也缺一不可。

调剂之法，相物而施。有酒、水兼用者，有专用酒不用水者，有专用水不用酒者；有盐、酱并用者，有专用清酱不用盐者，有用盐不用酱者；有物太腻，要用油先炙者；有气太腥，要用醋先喷者；有取鲜必用冰糖者；有以干燥为贵者，使其味入于内，煎炒之物是也；有以汤多为贵者，使其味溢于外，清浮之物是也。

配搭须知

谚语说："男女谈婚论嫁，要衡量自己的条件，选择合适的婚配。"这是所谓的门当户对；《礼记》上也说："同类、同辈的人才能相互做比较。"烹调方法与上述的说法有什么差异呢？烹调任何一道菜，都必须有恰当的配料来搭配。最好是用清淡的配料来搭配清淡的菜肴，味道浓郁的菜肴搭配味道浓厚的配料，柔软的菜色配合柔软的配料，口感较有嚼劲的配合味道强烈的配料，这样才能做出美味的菜肴。食材中，可以荤烧也可素烧的食材有蘑菇、鲜笋、冬瓜等；可以配荤不可配素的调料是葱、韭、茴香、生蒜等；可以搭配素菜不可以搭配荤菜的，则有芹菜、百合、刀豆等。常常看见有人把蟹粉放入燕窝中，把百合和鸡肉、猪肉一同烹调，这就好比圣贤明君与乱臣贼子一起对坐似的，简直荒谬至极。但是也有荤菜、素菜放在一起烹调，反而锦上添花、相得益彰的菜肴，例如，炒荤菜用素油、炒素菜用荤油的搭配。

门当户对

袁枚的《随园诗话》中记录了这么一件案子。袁枚就任江宁知县的第一天，有户人家状告妻子“背夫私奔”。这名女子21岁，喜好诗文，书法写得极好，因为家贫嫁给了一位高龄的外地商人。商人重利轻别离，无情无义，动辄对妻子打骂，妻子不堪凌辱，伺机逃到江宁的亲戚家。袁枚用作诗来考她，这名女子信口吟来：“五湖深处素馨花，误入淮西贾客家。偶遇江州白司马，敢将幽怨诉琵琶。”自比白居易诗中的琵琶女，袁枚对于她的诗才十分惊讶，于是动了恻隐之心，立刻写了一封信，判这对夫妻离婚，并且写信照会了山阴县令，说：“然才女嫁俗商，不称，故释其背逃之罪，且放归矣。”信后附上他以前的一首诗《马嵬》：“莫唱当年《长恨歌》，人间亦自有银河。石壕村里夫妻别，泪比长生殿上多。”山阴县令接到袁枚的信件之后，立刻将该名女子无罪开释。

原文

谚曰：“相女配夫”。《记》曰：“拟人必于其伦。”烹调之法，何以异焉？凡一物烹成，必需辅佐。要使清者配清，浓者配浓，柔者配柔，刚者配刚，方有和合之妙。其中可荤可素者，蘑菇、鲜笋、冬瓜是也。可荤不可素者，葱韭、茴香、新蒜是也。可素不可荤者，芹菜、百合、刀豆是也。常见人置蟹粉于燕窝之中，放百合于鸡、猪之肉，毋乃唐尧[①]与苏峻[②]对坐，不太悖乎？亦有交互见功者，炒荤菜，用素油，炒素菜，用荤油是也。

注释①【唐尧】唐尧即尧，传说中的古帝王名，他将王位传给舜。

②【苏峻】西晋名将，后来成了叛臣。

独用须知

味道浓烈的食材，只适合单独使用，而不适合跟其他食物搭配。就像李赞皇、张江陵一类强硬派的人才，只有单独任用，才能充分发挥他们的才干。食物中的鳗鱼、鳖、蟹、鲥鱼、牛肉、羊肉等，都应该单独食用，不可另外搭配其他食物。这是为什么呢?因为这些食物的味道浓厚、力道足，但缺点也很多，必须以五味来调和、精心调制，才能取其长处避开短处，得其美味。哪里会节外生枝，舍弃其本来的滋味呢？南京人喜欢用海参配甲鱼，鱼翅配蟹粉吃，我一看见就不禁眉头紧蹙。甲鱼和蟹粉的味道浓郁，海参和鱼翅不能减弱它们的味道，反而是海参和鱼翅的不正之味，甲鱼和蟹粉一旦沾上，它们原有的味道就全变了。

独味

盐为五味之王，百味之帅，在食物中加盐是一门大学问。袁枚讲究调味，他认为:“调味者宁淡毋咸”。醋也不遑多让，宁少不多，醋的用量、时间不一样，效果也各不相同。这是为食物调味但不是提味。

袁枚在这里告诉了我们有一些食物是需要单独食用的，这是依循着食物本身的特质，再予以加工烹调。就像甲鱼的鲜味不多，但也不需要用海参来掺杂提味，况且甲鱼的土腥气也会沾染到海参原有的味道。而鱼翅本身是没有味道的，全靠上汤来提鲜，但加入了蟹粉，反而让蟹粉的腥味影响了鱼翅的滋味。这就是独用的重要性。

原文

味太浓重者，只宜独用，不可搭配。如李赞皇①、张江陵②一流，须专用之，方尽其才。食物中，鳗也，鳖也，蟹也，鲥鱼③也，牛羊也，皆宜独食，不可加搭配。何也？此数物者味甚厚，力量甚大，而流弊亦甚多，用五味调和，全力治之，方能取其长而去其弊。何暇舍其本题，别生枝节哉？金陵人好以海参配甲鱼，鱼翅配蟹粉，我见辄攒眉。觉甲鱼、蟹粉之味，海参、鱼翅分之而不足；海参、鱼翅之弊，甲鱼、蟹粉染之而有余。

注释①【李赞皇】唐宪宗时的宰相李德裕，河北赞皇人，故人称李赞皇。

②【张江陵】明万历时期的首辅张居正，湖北江陵人，故称张江陵。

③【鲥鱼】产于长江下游，与河豚、刀鱼并称『长江三鲜』。

火候须知

烹煮食物最重要的就是要掌握好火候。有的必须用大火，例如煎、炒之类，火太小菜就不脆了，显得软趴趴的。有的要用小火来煮，例如，煨、煮之类，火太大食物就会干掉变形。有的则必须先用大火然后再改用小火的，就像烧好之后需要收汤汁的菜，性子太急，火候不够的话，就会外表焦了而里面还不够熟。有些食物会越煮越嫩，例如，腰子、鸡蛋之类的食物。有些菜稍微煮一下就会变老，例如，鲜鱼、蚌蛤之类。炒肉时起锅太慢，肉就会由红色变成黑色；鱼起锅晚了，鱼肉就会由鲜肉变成柴肉，不好吃。烹煮时不断掀锅盖，菜肴就会变得泡沫多而香味少。中途熄火再烧，就会走油而失去滋味。厨师必须了解火候而小心掌控，那就基本掌握烹饪的要领。鱼一上桌时，色白如玉，鱼肉富有弹性而不松散，这是新鲜的鱼；如果色白如粉，鱼肉散开而不紧实，那就是不新鲜的死鱼。明明是鲜鱼，却把它烹煮成死鱼，实在是太可恨了。

美食家苏轼

苏轼曾经用荠菜和米粥做了东坡羹，还对朋友说："君知此叶，则陆海八珍，皆可鄙厌也。"在苏轼看来，这种有天然风味的菜才最珍贵。苏轼还有一首打油诗《猪肉颂》："待他自熟莫催他，火候足时他自美。"强调的就是火候对烹调猪肉的重要性。也因为苏轼对于食物本质的理解，才会有像"东坡肉"这样的名菜，一直流传至今。

原文

熟物之法，最重火候。有须武火者，煎炒是也；火弱则物疲矣。有须文火者，煨煮是也；火猛则物枯矣。有先用武火而后用文火者，收汤之物是也；性急则皮焦而里不熟矣。有愈煮愈嫩者，腰子、鸡蛋之类是也。有略煮即不嫩者，鲜鱼、蚶蛤之类是也。肉起迟则红色变黑，鱼起迟则活肉变死。屡开锅盖，则多沫而少香。火熄再烧，则走油而味失。道人以丹成九转为仙，儒家以无过、不及为中。司厨者，能知火候而谨伺之，则几于道矣。鱼临食时，色白如玉，凝而不散者，活肉也；色白如粉，不相胶粘者，死肉也。明明鲜鱼，而使之不鲜，可恨已极。

色臭须知

眼睛和鼻子与嘴巴相邻，也是嘴巴的媒介。一道好菜，眼睛一看，鼻子一闻，它的颜色和气味的区别立刻就显现出来。有的菜肴像秋天的云彩那般干净清爽，有的菜肴颜色如琥珀般艳丽，当菜肴的芳香之气扑鼻而来时，不必用牙齿咬，不需要用舌头去尝，便可以知道它的美味。但是，要使菜颜色鲜艳，就不可以用糖来炒，要给菜肴提香，就不能过度使用香料。一味地追求用调味来粉饰，就会伤及食物的原味。

知钱者多，知味者少

在《晋书·何曾传》中，将何曾对于饮食的奢侈行径说得十分不堪，袁枚在《随园全集·答张观察招隐》里说明了其中的原因：“昔何曾日食万钱，犹嫌无下箸处，人多怪其过侈。余以为世之知钱者多，知味者少，故何曾蒙此恶声。”按照袁枚的看法，何曾虽然钱多，却不是真正的美食家。真正的美食家，不会以食物的贵贱来评定食物的滋味高下。

目与鼻，口之邻也，亦口之媒介也。嘉肴到目、到鼻，色臭①便有不同。或净若秋云，或艳如琥珀，其芬芳之气，亦扑鼻而来，不必齿决②之、舌尝之，而后知其妙也。然求色不可用糖炒，求香不可用香料。一涉粉饰，便伤至味。

注释 ①【臭】通嗅，指味道、气味。

②【齿决】用牙齿咬断。

◆ 上菜须知 ◆

上菜的正确方法是：味道咸的要先上，味道清淡的要后上；味道浓郁的先上，味道清爽的后上；无汤的菜肴应先上，有汤的食物要后上。天底下的食物原本就有五种味道，不可以只注重一种味道，而忽视了其他的口味。想来客人吃饱了之后，脾脏也疲惫了，这时就要用辛辣的味道来调动食欲；考虑到客人酒喝多了，胃也疲惫了，那就要用酸甜的食物来提神醒酒才行。

原文

上菜之法：咸者宜先，淡者宜后；浓者宜先，薄者宜后；无汤者宜先，有汤者宜后。且天下原有五味，不可以咸之一味概之。度客食饱，则脾困矣，须用辛辣以振动之；虑客酒多，则胃疲矣，须用酸甘以提醒之。

◆ 多寡须知 ◆

在同一道菜当中，贵重的食材应该多放一点，而便宜的食材，用量要减少。煎炒的菜肴，食材放太多，则容易火候不够，肉质不够酥脆。因此，一盘荤菜，猪肉用量不可以超过半斤，鸡、鱼不可以超过六两。如果有人问说：“不够吃怎么办呢?”只需回答他：“等吃完之后再另外炒一盘就是了。”有些菜肴，食材的量必须够多才会美味，例如白煮肉，肉用不到二十斤以上，就显得淡而无味。粥也是如此，下锅时没有用到一斗米，粥浆就不够黏稠，而且还要控制好用水量，水太多米太少，则粥的味道就淡薄了。

原文

用贵物宜多，用贱物宜少。煎炒之物多，则火力不透，肉亦不松。故用肉不得过半斤，用鸡、鱼不得过六两。或问：“食之不足如何?”曰：“俟食毕后另炒可也。”以多为贵者，白煮肉，非二十斤以外，则淡而无味。粥亦然，非斗米则汁浆不厚，且须扣水，水多物少，则味亦薄矣。

◆ 用纤须知 ◆

“纤”就是俗话说的豆粉（芡粉），也就是拉船用的纤绳，顾名思义便可以知道它的作用。例如，制作肉团时不容易黏合成团，想做羹汤时想要不过分油腻，可以用芡粉使这类食物变得黏稠。煎炒肉类食，考虑到肉类容易沾黏锅底，变得焦老，因此可用芡粉来处理。这就是“纤”的用处所在。能理解芡粉的作用，就能够恰到好处的使用在食物上。否则，乱用芡粉就会弄得一塌糊涂。古书《汉制考》上把曲麸叫作媒，媒就是现在所说的芡粉。

原文

俗名豆粉为纤者，即拉船用纤也，须顾名思义。因治肉者，要作团而不能合，要作羹而不能腻，故用粉以牵合之。煎炒之时，虑肉贴锅，必至焦老，故用粉以护持之。此纤义也。能解此义用纤，纤必恰当，否则乱用可笑，但觉一片糊涂。《汉制考》：齐曲麸为媒。媒即纤矣。

◆ 疑似须知 ◆

食材的味道要做得浓郁芳香，但不可以太过油腻；味道要清甜鲜美，但不可淡薄寡味。这其实是很难掌握的烹调技巧，往往“差之毫厘，失之千里”。所谓味道浓郁芳香，就是取其精华去其糟粕的意思。如果只是贪图肥腻，还不如专门去吃猪油算了。味道清甜鲜美，就要突出食材本来的味道，而不沾染杂味。如果一味贪恋清汤寡水的饮食，那还不如直接去喝白开水罢了。

原文

味要浓厚，不可油腻；味要清鲜，不可淡薄。此疑似之间，差之毫厘，失以千里。浓厚者，取精多而糟粕去之谓也；若徒贪肥腻，不如专食猪油矣。清鲜者，真味出而俗尘无之谓也；若徒贪淡薄，则不如饮水矣。

变换须知

每一种食材都有其独特的味道，不可混在一起以求同。就像圣人教授学生，讲究因材施教，不会拘泥于同一种形式。这就是所谓的君子有成人之美。现在有些不太讲究的厨子，动不动就把鸡、鸭、猪、鹅放在一锅汤里一起煮，这样的做菜方式人人都会，味道雷同，味同嚼蜡。我想，如果这些鸡、猪、鹅、鸭有灵，恐怕会到枉死城中去告状吧。会做菜的厨师，必定会使用不同的锅具，例如，锅、灶、盂、钵之类的来盛装，让每一种食物都能各显其特色，每一道菜都各有其滋味。这样，即使是挑剔的食客，他的嘴巴也是忙不过来的，自然是心花怒放，吃得无比尽兴。

随园的兴衰

乾隆十年（1745年），袁枚以三百金买下了随园，开始过起了长达近半个世纪“山中宰相”的快乐日子。当时随园如何繁华，可以从《随园记》中窥探一二，其中有这样的记载：“开筵宴客，排日筵宾，酒赋琴歌，无虚日，其极一时裙屐之盛者。”可见得当时没有事先预订，真的没办法在随园吃饭，那种盛况跟现在的知名餐厅一样让人趋之若鹜。可惜在袁枚生病之后，随园便逐渐没落，虽然他的后辈曾经努力让随园恢复旧日盛况，但最终还是在太平天国时期，成了一片废墟。

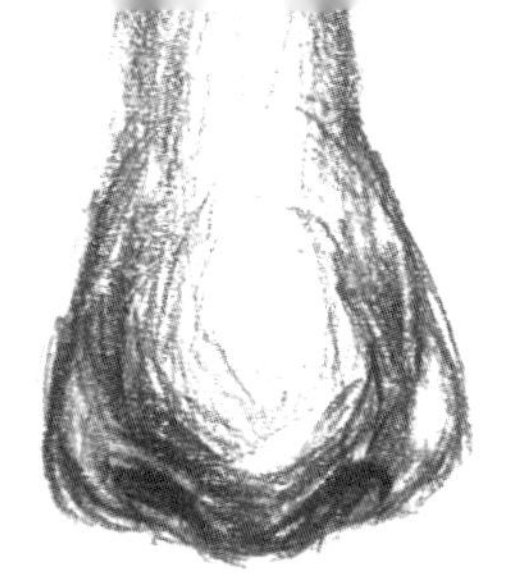

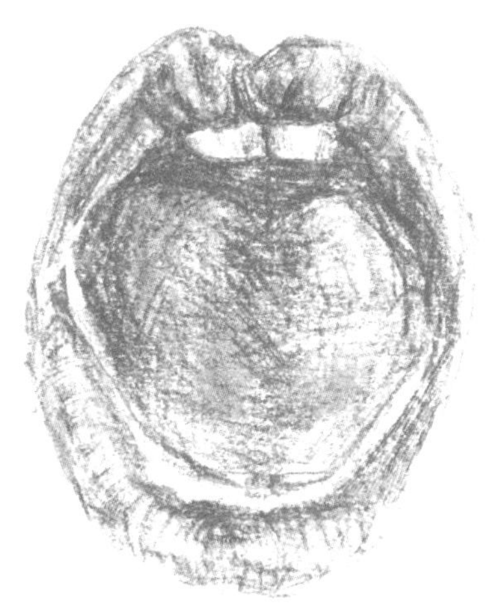

一物有一物之味，不可混而同之。犹如圣人设教，因才乐育，不拘一律。所谓君子成人之美也。今见俗厨，动以鸡、鸭、猪、鹅，一汤同滚，遂令千手雷同，味同嚼蜡。吾恐鸡、猪、鹅、鸭有灵，必到枉死城①中告状矣。善治菜者，须多设锅、灶、盂、钵之类，使一物各献一性，一碗各成一味。嗜者舌本应接不暇，自觉心花顿开。

注释①【**枉死城**】传说中因自杀、灾害、战乱、意外、谋杀、被害等，含冤而死之人的鬼魂，在阴间住的地方就叫枉死城。

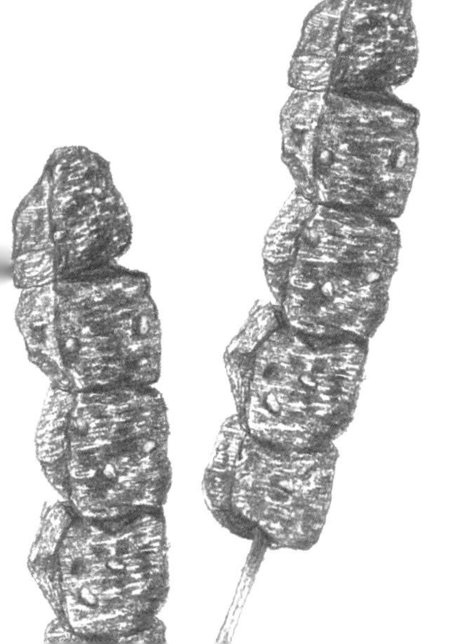

器具须知

古话说：美食不如美器。这句话说明了盛装食物的器具是多么的重要。然而明代宣德、成化、嘉靖、万历年间的瓷器都极为昂贵，如果拿来盛菜，会担心造成损坏，倒不如用官窑烧制的瓷器，这类瓷器也十分清雅秀丽。只是该用碗盛的时候就用碗，该用盘盛的时候就用盘，该使用大的器皿就用大的，该用小器皿的时候就用小的。各种器皿参差错落地摆放在桌上，才会让美食增色。如果刻板地局限于十碗八盘这样的老规矩，就显得愚笨庸俗了。总体说来，珍贵的菜肴适宜用较大的食器来装盛，普通的菜肴适合用小型的器皿来盛装。煎炒的菜式适合装盘，汤羹之类的菜肴适合用碗来装。煎炒的菜式宜用铁锅来做，爆煮炖汤的菜肴则适合用砂罐来煨煮。

金樽与玉盘

杜甫有一首诗《客至》："舍南舍北皆春水，但见群鸥日日来。花径不曾缘客扫，蓬门今始为君开。盘飧市远无兼味，樽酒家贫只旧醅。肯与邻翁相对饮，隔篱呼取尽余杯。"杜甫碰上了临时来访的客人，家里都没有什么准备，虽然诚意十足，也显得十分将就，更谈不上菜肴的摆盘与美观。其实中国传统饮食文化十分讲究色、香、味、形、器俱全，器就是指器皿，美食与美器的搭配可以用李白的这句"金樽清酒斗十千，玉盘珍馐值万钱。"来形容。佳酿的美酒要用"金樽"来喝，昂贵的珍馐要用"玉盘"来盛。这就像我们喜欢日式的怀石料理一样，食物的精致程度与陈设摆盘都极尽用心，不仅满足了味蕾，也丰富了视觉享受。

原文

古语云："美食不如美器。"斯语是也。然宣、成、嘉、万，窑器太贵，颇愁损伤，不如竟用御窑，已觉雅丽。惟是宜碗者碗，宜盘者盘，宜大者大，宜小者小，参错其间，方觉生色。若板板于十碗八盘之说，便嫌笨俗。大抵物贵者器宜大，物贱者器宜小。煎炒宜盘，汤羹宜碗，煎炒宜铁锅，煨煮宜砂罐。

时节须知

夏季的白天既长又炎热，禽、畜宰杀得过早，肉就容易腐败变质。冬季的白天短而寒冷，烹饪的时间与火候不够，菜肴就不容易熟透。在冬天时适合吃牛羊肉，如果移到夏天食用，就会不合时宜。夏天适合吃干腊的食品，移到冬天去吃，也不是对的时机。至于调味料的选择，夏季应当使用芥末，冬季应当选用胡椒。冬天腌制的咸菜原本不太值钱，但在三伏天能吃到，也会将它视若珍宝。行鞭笋本来也是一种廉价的食物，但在秋凉时节能拿来烹饪，也会被人视为上等的佳肴。有些东西在季节前提前食用，味道会更美，就像在三月份时吃鲥鱼的道理一样。也有晚于季节觉得更好吃的食物，就像四月份吃芋艿。以此类推。有些东西过了时节就不能食用了，例如，萝卜过了时节就会空心，山笋过了时节味道就苦了，凤尾鱼过了时节骨头就会变硬。所以，万物生长，四时有序，当季的时节一过，精华散尽，光彩已不再。

《论语·乡党》:“食不厌精，脍不厌细。食饐而餲，鱼馁而肉败，不食。色恶，不食。臭恶，不食。失饪，不食。不时，不食。割不正，不食。不得其酱，不食。肉虽多，不使胜食气。惟酒无量，不及乱。沽酒市脯不食。不撤姜食。不多食。祭于公，不宿肉。祭肉不出三日。出三日，不食之矣。食不语，寝不言。虽疏食菜羹，瓜祭，必齐如也。”这段话除了体现孔子所说的“食不厌精，脍不厌细”的观点外，还可以理解孔子除了喝酒之外，变质的东西不吃、变色的东西不吃、变味的东西不吃、烹饪得不好不吃、不是吃饭的时间不吃、切的不好看不吃、味道调得不好的不吃、放太久的东西不吃等各种“不吃”的饮食观。

原文

夏日长而热，宰杀太早，则肉败矣；冬日短而寒，烹饪稍迟，则物生矣。冬宜食牛羊，移之于夏，非其时也。夏宜食干腊[1]，移之于冬，非其时也。辅佐之物，夏宜用芥末，冬宜用胡椒。当三伏天而得冬腌菜，贱物也，而竟成至宝矣。当秋凉时而得行鞭笋[2]，亦贱物也，而视若珍馐矣。有先时而见好者，三月食鲥鱼是也。有后时而见好者，四月食芋艿是也。其他亦可类推。有过时而不可吃者，萝卜过时则心空，山笋过时则味苦，刀鲚[3]过时则骨硬。所谓四时之序，成功者退，精华已竭，褰裳[4]去之也。

注释①【干腊】在冬天，尤其是寒冬腊月加工干制的各种腊肉类食品。

②【行鞭笋】竹笋的一种，其形如鞭，故得名。

③【刀鲚】海洋鱼类的一种，春末夏初到江河中产卵，俗称凤尾鱼。

④【褰裳】撩起衣裳。褰，提起，撩起。

◆ 洁净须知 ◆

切过葱的刀子，不可以再将它拿去切笋子；捣过辣椒的臼，也不能再拿来捣芡粉。如果闻到菜里有抹布的味道，那一定是抹布没洗干净；闻到了菜里有砧板的气味，那是因为砧板已经脏了。“工欲善其事，必先利其器”，优秀的厨师要勤于将刀锋磨利、勤于更换抹布、勤于刮洗砧板、勤于洗手，然后再去处理食材。至于抽烟的烟灰、头上冒出的汗水、炉灶上的蚊蝇、锅子上的烟煤，一旦沾污了菜肴，即使再精心制作的食物，也会像西施脸上沾了不干净的东西那样，人人都会掩鼻而过。

原文

切葱之刀，不可以切笋；捣椒之臼，不可以捣粉。闻菜有抹布气者，由其布之不洁也；闻菜有砧板气者，由其板之不净也。“工欲善其事，必先利其器。”良厨先多磨刀，多换布，多刮板，多洗手，然后治菜。至于口吸之烟灰，头上之汗汁，灶上之蝇蚁，锅上之烟煤，一玷[1]入菜中，虽绝好烹庖，如西子蒙不洁，人皆掩鼻而过之矣。

注释①【玷】玷污，弄髒

◆ 补救须知 ◆

名厨烹调菜肴，必定咸淡适中，老嫩恰到好处，原本就不需要去做任何补救措施。但我还是不得不对一般人说一些补救的方法：调味时宁可选择清淡也不可以太咸，淡可加盐来补救，咸则没办法让菜再变淡；烹饪鱼时宁可嫩也不可太老，嫩了可以加火补救，老了就无法再去做任何改变。这些奥妙，在做菜下料时，只要仔细观察火候就能清楚明白了。

原文

名手调羹，咸淡合宜，老嫩如式，原无需补救。不得已，为中人说法则：调味者，宁淡毋咸；淡可加盐以救之，咸则不能使之再淡矣。烹鱼者，宁嫩毋老，嫩可加火候以补之，老则不能强之再嫩矣。此中消息，于一切下作料时，静观火色便可参详。

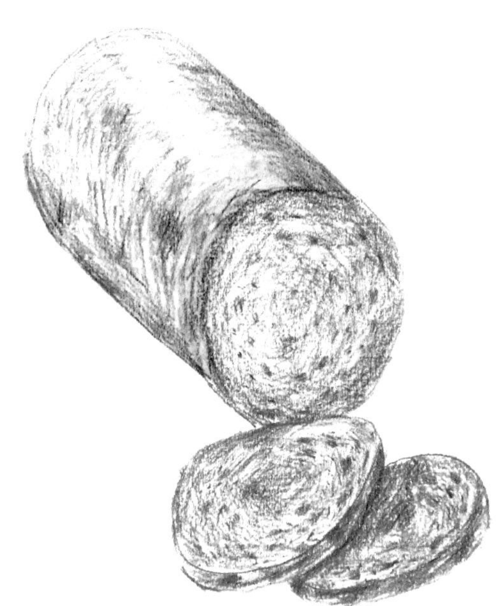

◆ 迟速须知 ◆

一般人请客，通常会在三天前就事先约好，这样就有充裕的时间可以用来采购各种食材与拟定菜单。如果突然来了客人，急需准备便餐；或者乘船住店，作客在外，怎么来得及取东海之水来救南海之火？所以必须准备一些应急的菜肴，例如，炒鸡片、炒肉丝、炒虾米豆腐或者是糟鱼、火腿之类的菜肴，以备不时之需。凡是能在短时间上桌，又能博得客人的称赞的菜式，厨师绝对不可不知道这些诀窍。

原文

凡人请客，相约于三日之前，自有工夫平章[1]百味。若斗然客至，急需便餐；作客在外，行船落店：此何能取东海之水，救南池之焚乎？必须预备一种急就章之菜，如炒鸡片，炒肉丝，炒虾米豆腐，及糟鱼、茶腿[2]之类，反能因速而见巧者，不可不知。

注释①【平章】商量处理。

②【茶腿】火腿。

选用须知

选用食材的方法是：小炒肉要用后臀上的肉，做肉丸要用前夹心肉，煨炖肉则用硬短肋骨下方的肉。炒鱼片一般使用的是青鱼、鳜鱼，做鱼松则使用草鱼、鲤鱼。蒸鸡就用小母鸡来蒸，炖鸡则用阉过的公鸡来炖，煲鸡汤要用老母鸡来煨；母鸡才嫩，公鸭才肥；莼菜用上方的嫩叶，芹菜、韭菜则宜用根茎……这些都是不变的定理。其他食物的选材方法，可以以此类推。

莼菜羹

把蔬菜写入饮食历史的，是张翰和陆机这两个生长在南方的文学家。他们生活在动荡的西晋，都是吴郡吴县（今苏州）人，也都喜欢蔬菜羹，但命运却大不相同。

西晋时，齐王司马冏在洛阳执政，大司马张翰不愿卷入八王之乱，写下了《思吴江歌》：“秋风起兮木叶飞，吴江水兮鲈正肥。三千里兮家未归，恨难禁兮仰天悲。”他以秋风起，思念吴中菇菜（茭白）、莼菜羹、鲈鱼为由，感叹着：“人生贵得适意尔，何能羁宦数千里以要名爵？”于是以思念家乡的饭菜为由，辞官避祸。不久之后齐王兵败，当时的人讥讽张翰为了避祸而辞官回乡，他却说：“使我有身后名，不如即时一杯酒。”为美食而辞官，也算是一段佳话了。

另一位名士陆机也有一段关于莼菜羹的故事，但结局却没有这么幸运。晋武帝司马炎时期，陆机应朝廷征召，作为南方士族代表北上洛阳，出仕为官。在一次侍中王武子的家宴上，王武子指着案上的羊酪问陆机：“你们吴地有这样的美味佳肴吗？”陆机针锋相对地回答他说：“我们那里有一道蔬菜羹，不用加盐，就比它好吃多了！”把王武子气得要命。陆机带着家乡菜一般的傲骨，决心闯出一番事业，全程参与了“八王之乱”，最后却落得被冤杀的下场。

选用之法：小炒肉用后臀，做肉圆用前夹心，煨肉用硬短勒。炒鱼片用青鱼、季鱼[①]，做鱼松用鲩鱼[②]、鲤鱼。蒸鸡用雌鸡，煨鸡用骟鸡，取鸡汁用老鸡；鸡用雌才嫩，鸭用雄才肥；莼菜[③]用头，芹韭用根：皆一定之理。余可类推。

注释①【季鱼】即鳜鱼。是肉食性鱼类，也是四大淡水鱼之一。

②【鲩鱼】即草鱼。

③【莼菜】又名水葵，是江南常见水生野菜，是江南“三大名菜”之一。

戒单

当官为政，想要为百姓谋求一项兴利功绩，还不如努力除去一个弊端。如果能除去饮食上的弊端，那么对饮食之道就参悟得差不多了，因而撰写《戒单》。

为政者兴一利，不如除一弊，能除饮食之弊，则思过半矣[①]。作《戒单》。

注释①【**思过半矣**】出自《易经·系辞下》:“知者观其辞，则思过半矣。”意思是，领悟了大部分的道理。

◆ 戒外加油 ◆

一般的厨师做菜，动不动就会熬一锅猪油，等到要上菜时，就用勺子舀出分别淋在菜上，认为这样做就是给菜增加油光与味道。甚至连燕窝这种极为清淡的食物，也用这种方法，简直就是污损了食物本来的味道。而一般人不懂其中的原因，于是狼吞虎咽，以为这样就能多摄取一些油水入腹。这些人就像饿鬼投胎似的。

原文

俗厨制菜，动熬猪油一锅，临上菜时，勺取而分浇之，以为肥腻。甚至燕窝至清之物，亦复受此玷污。而俗人不知，长吞大嚼，以为得油水入腹。故知前生是饿鬼投来。

◆ 戒走油 ◆

凡是鱼、肉、鸡、鸭，都是肥美的食物，但必须使它们的油脂保留在肉中，不要让其外溢到汤里，才能保持它们的味道不散失。如果肉中的油脂一半溶解在汤中，那么汤的鲜味反而超过肉了。导致这种失误的原因有三种：第一种失误是火力太猛，煮得太快让水干了，必须重新多加几次水；第二种失误是火势突然停顿，火灭了之后再重新烧火；第三种失误是急于观察肉是否已经煮好了，屡次揭起锅盖，这样必定让油香完全散失。

原文

凡鱼、肉、鸡、鸭，虽极肥之物，总要使其油在肉中，不落汤中，其味方存而不散。若肉中之油，半落汤中，则汤中之味，反在肉外矣。推原其病有三：一误于火太猛，滚急水干，重番加水；一误于火势急停，既断复续；一病在于太要相度，屡起锅盖，则油必走。

戒同锅熟

食物同锅混煮的弊端，已经在前面“变换须知”中说明过了。

同锅熟之弊，已载前“变换须知”一条中。

戒混浊

混浊与浓厚不是同一种含意。例如，一锅汤，看上去不黑不白，像缸中搅浑的水；又例如一碗卤，吃的时候觉得不清不腻，像染缸倒出的浆水似的。这种菜肴的颜色和味道实在令人难以忍受。补救的方法就是把食物好好洗干净，好好地加些作料，一边观察火候，一边品尝酸咸，不要让吃的人舌头上有隔皮隔膜的厌恶感。庾信在他的文章中说：“索索无真气，昏昏有俗心。”指的就是这种混浊不堪的感觉。

原文

混浊者，并非浓厚之谓。同一汤也，望去非黑非白，如缸中搅浑之水。同一卤也，食之不清不腻，如染缸倒出之浆。此种色味令人难耐。救之之法，总在洗净本身，善加作料，伺察水火，体验酸咸，不使食者舌上有隔皮隔膜之嫌。庾子山论文云：“索索无真气，昏昏有俗心[1]。”是即混浊之谓也。

注释①【**索索无真气，昏昏有俗心**】索索，冷漠，毫无生气的样子；昏昏，糊里糊涂，迷乱的样子。

戒耳餐

什么是耳餐？耳餐，就是盲目地追求有名气的菜肴。贪恋名贵的菜色，有夸大向客人表示敬意的意思，也就是说，这些菜肴是给耳朵吃的，而非给嘴巴吃的。殊不知豆腐烧得好，味道远胜于燕窝；海鲜烧得不好，还不如吃蔬菜竹笋。我曾经将鸡、猪、鱼、鸭称为豪杰，各有各的滋味，自成特色；而海参、燕窝则像庸俗鄙陋之人，完全没有自己的味道，它们的味道都要靠提味，这跟寄人篱下没什么差别。我曾经看到一位太守请客，碗大得像缸，盛满四两白煮燕窝，丝毫没有什么滋味，但客人却争相夸耀其滋味好。我开玩笑地说："我们是来吃燕窝，不是来卖燕窝的。"燕窝数量多得像在贩卖，但却不好吃，这样又有什么用呢？如果只是为了夸耀和面子，倒不如直接在碗里放价值高达万金的百粒明珠就好了，管它能不能吃呢？

关于吃

关于吃的成语有很多，例如，食前方丈、炊金馔玉、酒池肉林、钟鸣鼎食……但这些都是在形容排场与奢华的情形，而非美食佳肴。

晋朝丞相何曾，厨膳滋味甚过君王。"食日万钱，犹曰无下箸处"，即便平时在宫中与皇帝一起吃饭，也不吃宫中所准备的食物，皇帝只好派人到他家里去取他喜欢吃的食物来。这究竟是一位美食家还是挑剔专家，那就不得而知了。

何谓耳餐？耳餐者，务名之谓也。贪贵物之名，夸敬客之意，是以耳餐，非口餐也。不知豆腐得味，远胜燕窝。海菜不佳，不如蔬笋。余尝谓鸡、猪、鱼、鸭，豪杰之士也，各有本味，自成一家。海参、燕窝，庸陋之人也，全无性情，寄人篱下。尝见某太守宴客，大碗如缸，白煮燕窝四两，丝毫无味，人争夸之。余笑曰：『我辈来吃燕窝，非来贩燕窝也。』可贩不可吃，虽多奚为？若徒夸体面，不如碗中竟放明珠百粒，则价值万金矣。其如吃不得何？

戒目食

什么叫目食？所谓目食，就是贪多的意思。现在人们请客追求丰盛奢华的虚名，满桌的菜肴，碗盘层层堆叠，但这些都是给眼睛吃的，不是给嘴巴吃的。殊不知名家写字，写多了一定会出现败笔；名人作诗，作多了也会产生赘句。有名的厨师即使竭尽心力，一天之内能够做出四、五道上好的菜肴，已经是很不容易了，何况还要应付那些乱七八糟的酒席呢？即使有许多人的帮忙，也是各有各的意见，没有纪律，帮忙的人越多就越糟糕。我曾经到一位商人的家中赴宴，光是上菜就换了三次席，点心十六道，食品共计四十多种。主人自我感觉良好，扬扬得意，而我散席回家，还得煮粥来充饥。可见虽然宴席中菜肴看似丰盛却品位不高。南朝时期的孔琳之说过："现在的人吃饭贪求奢华，除了其中几样可口的之外，多数都是为了用来饱眼福的。"我个人认为菜肴如果胡乱摆放，被腥味污染，即便是眼睛看了也会感到极不舒服啊。

皇帝都是怎么吃饭的？

在中国古代，皇帝进膳是十分讲究的，吃饭时大致要依循“传膳”“尝膳”，然后才正式“进膳”。随侍的太监首先报上菜名再把菜端上来，然后太监用银针试毒，等皇帝看过银针确定食物无毒之后，才开始正式吃饭。所谓“吃一看二眼观三”，这和“吃着碗里，看着锅里”的意思不同，只是为了讲究豪华的排场。慈禧太后吃饭特别讲究，每顿正餐的菜肴至少要摆满三张桌子，通常会有一百种以上的菜品，包括冷盘、热菜、炉食、小菜，应有尽有。和慈禧太后比，光绪皇帝就可怜多了。光绪皇帝过继给慈禧太后之后，由于年纪小，够不着后面的菜肴，久而久之，摆在后面的菜竟然都用假菜来充数，算得上是最可怜的皇帝了。

原文

何谓目食？目食者，贪多之谓也。今人慕“食前方丈”之名，多盘迭碗，是以目食，非口食也。不知名手写字，多则必有败笔；名人作诗，烦则必有累句。极名厨之心力，一日之中，所作好菜不过四五味耳，尚难拿准，况拉杂横陈乎？就使帮助多人，亦各有意见，全无纪律，愈多愈坏。余尝过一商家，上菜三撤席，点心十六道，共算食品将至四十余种。主人自觉欣欣得意，而我散席还家，仍煮粥充饥。可想见其席之丰而不洁矣。南朝孔琳之[①]曰：“今人好用多品，适口之外，皆为悦目之资。”余以为肴馔横陈，熏蒸腥秽，目亦无可悦也。

注释①【孔琳之】是孔子的第28代孙，南朝宋文学家、书法家。

戒穿凿

每种食物都有自己的本性，不必再去牵强行事，顺其自然，便是佳肴。例如燕窝，本身就是很好的食物，何必再将它捶碎做成丸子呢？海参本来就是不错的食物，何必把它熬成酱来吃？西瓜切开之后，时间久了就不新鲜，竟然还有人把西瓜做成糕点。苹果太熟，吃起来就不脆了，偏偏有人要把它蒸来作果干。其他像《遵生八笺》中记载的秋藤饼、李笠翁的玉兰糕，都太过矫揉造作，就好像用杞柳编成杯子，完全失去了自然大方的本性。又譬如日常的道德行为、做人行事，只要做到极致便可算是圣人，又何必故弄玄虚、行为古怪呢？

原文

物有本性，不可穿凿为之，自成小巧。即如燕窝佳矣，何必捶以为团？海参可矣，何必熬之为酱？西瓜被切，略迟不鲜，竟有制以为糕者。苹果太熟，上口不脆，竟有蒸之以为脯①者。他如《遵生八笺》②之秋藤饼，李笠翁之玉兰糕，都是矫揉造作，以杞柳为杯棬③，全失大方。譬如庸德庸行，做到家便是圣人，何必索隐行怪乎？

注释

①【脯】肉干或果干。

②【《遵生八笺》】明代高濂撰写的养生专书。

③【以杞柳为杯棬】杞柳，柳条。杯棬，一种木质的饮器。《孟子·告子上》:『性，犹杞柳也；义，犹杯棬也。以人性为仁义，犹以柳为杯棬。』比喻物件失去了原有的本性。

戒停顿

食物的味道要鲜美，全在起锅之后要趁热品尝；稍作停顿，就如同霉变的旧衣服那样，即使是漂亮的锦绣绫罗，也会有一股让人讨厌的味道。我曾经遇到过性子急躁的主人，每次上菜一定要将所有的菜肴一齐摆出来。于是厨师只好将一桌子菜全部都放在蒸笼中，等候主人的催促，然后一齐端上桌。这样的菜怎么会有好味道呢？会做菜的人，一盘一碗都要费尽心思；然而到了食客那里，却粗暴鲁莽、囫囵吞枣似的吃下肚去，这就像是得到新鲜美味的梨子，却非得要蒸熟了吃那样。我去广东东部时，吃到杨兰坡县令家中美味的鳝鱼羹，于是向他询问这道菜如此美味的原因，他回答我说："只不过是现杀现煮，现做现吃，不耽误时间罢了。"其他食物也可以以此类推。

煞风景

《世说新语·轻诋》上记载这样的一段话："桓南郡每见人不快，辄嗔云：'君得哀家梨，当复不蒸食不?'"意思是说，桓南郡桓玄每一次骂人都不带脏字，遇见惹他不高兴的人，就会恼怒地讽刺对方说："你得到了哀家梨，不会还要将它蒸来吃吧?"蒸食哀家梨与焚琴煮鹤、屠夫谈禅一样，都是一件大煞风景的事情。

原文

物味取鲜，全在起锅时极锋而试①；略为停顿，便如徽过衣裳，虽锦绣绮罗，亦晦闷而旧气可憎矣。尝见性急主人，每摆菜必一齐搬出。于是厨人将一席之菜，都放蒸笼中，候主人催取，通行齐上。此中尚得有佳味哉？在善烹饪者，一盘一碗，费尽心思；在吃者，卤莽暴戾，囫囵吞下，真所谓得哀家梨②，仍复蒸食者矣。余到粤东，食杨兰坡明府③鳝羹而美，访其故，曰：『不过现杀现烹、现熟现吃，不停顿而已。』他物皆可类推。

注释

①【**极锋而试**】趁刀剑锋利的时候用它，比喻趁有利的时机立刻行动。

②【**哀家梨**】相传汉朝秣陵人哀仲所种的梨子，果实硕大而且味道甜美，当时人称为『哀家梨』。后人常用来比喻文辞流畅雅致。

③【**明府**】汉朝对太守的尊称。唐朝之后多别称县令为明府。

戒暴殄

暴虐的人不会体恤人力的耗损，喜欢糟蹋物品的人不会珍惜物料的消耗。鸡、鱼、鹅、鸭，从头到尾，都有其独特的滋味，不应该多弃少取。我曾经看过有人烹制甲鱼，专门取甲鱼的裙边来做菜，而不知道真正好吃的是甲鱼的肉；我也曾经看见有人在蒸鲥鱼时，专门吃它的鱼腹，而不知道鲥鱼的鲜味全在它的鱼背。最常见的像腌蛋，它最好吃的地方是在蛋黄而不在蛋清，但如果把蛋清全部去掉而专吃蛋黄，那么吃的人也会觉得索然无味。我这么说，并非指一般人所谓的惜福，假使暴殄食材而有益于菜肴的美味，那还说得过去。但如果既浪费了食材，又影响了菜肴的美味，这又是何苦来哉？至于用烧旺的炭火去烤活鹅掌，用刀取活鸡的肝，这些残忍的行为都是君子所不忍心做的事。为什么这么说呢？因为家畜被人食用，宰杀它是必要的举措，但让它求死不得却是一件非常不可取的事情。

炙烤鹅掌

鹅掌这道菜肴从汉代开始入馔，到了南北朝时期首次进入宫廷的饮食中。五代时，精研饮馔的谦光和尚吃鹅掌成癖，他曾经说过："但愿鹅生四掌，鳖着两裙。"唐张鷟《朝野佥载》卷二中记载："易之为大铁笼，置鹅、鸭于其内，当中取起炭火，铜盆贮五味汁，鹅、鸭绕火走，渴即饮汁，火炙痛即回，表里皆熟，毛落尽，肉赤烘烘乃死。"这可能是最早烧活鹅的方法。到了宋徽宗，他嫌鹅掌不够肥大，于是御厨便用烧热的铁板烤活鹅掌，来给皇帝吃。清初有人将活鹅放在铁栅上，下面用火烤热，鹅受热难忍，不停地吸饮放在栅外的酱油、醋等调味品，而蹼被烫得大如人手且软烂，割下来现吃，据说鲜美绝伦。曹雪芹的祖父曹寅也说过"百嗜不如双掌"这样的话。但无论如何，鹅掌的烹调方式都是十分残忍的，即便是美食，饕客都不应该为了自己的口腹之欲而这么吃。

暴者不恤人功，殄者不惜物力。鸡、鱼、鹅、鸭，自首至尾，俱有味存，不必少取多弃也。尝见烹甲鱼者，专取其裙[1]而不知味在肉中；蒸鲥鱼者，专取其肚而不知鲜在背上。至贱莫如腌蛋，其佳处虽在黄不在白，然全去其白而专取其黄，则食者亦觉索然矣。且予为此言，并非俗人惜福之谓，假使暴殄而有益于饮食，犹之可也。暴殄而反累于饮食，又何苦为之？至于烈炭以炙活鹅之掌，剸刀以取生鸡之肝，皆君子所不为也。何也？物为人用，使之死可也，使之求死不得不可也。

注释①【裙】指甲鱼背甲的边缘的软边肉。

戒纵酒

事物的是非曲直，只有头脑清楚的人才会知道；食物味道的好坏，也只有头脑清醒的人才能真正品味出来。伊尹曾经说过："美味的精细微妙之处是不能用语言表达的。"头脑清醒的人都说不清楚，难道那些喜欢大声喧哗的醉酒之徒，能品尝出菜肴的味道吗？我常常见到那些划着酒令的人，他们吃佳肴就像嚼木屑似的，心不在焉。他们一心只喜欢喝酒，其余的事糊里糊涂地什么都不知道，而烹饪出来的好菜就这样被糟蹋了。所以，万不得已需要喝酒时，应该先在正席时好好品尝菜肴，在撤席之后再尽情地喝酒，这样或许就可以两全其美了。

中国第一道禁酒令

《战国策》中记载了仪狄造酒，和大禹下达中国第一道禁酒令的故事。大禹治水三过家门而不入，却在喝了仪狄进献的酒之后，昏睡了两天两夜。酒醒之后，大禹觉得喝酒会误事，于是便断言说："后世必有以酒亡其国者！"仪狄舍不得自己酿酒的好技术，于是便一代一代偷偷传承了下来。后来商纣王荒淫无道，酒池肉林，果然就亡国了，所以后人有"禹王禁酒传天下，纣王酗酒失天下"的说法。

事之是非，惟醒人能知之；味之美恶，亦惟醒人能知之。伊尹①曰：『味之精微，口不能言也。』口且不能言，岂有呼呶酗酒之人能知味者乎？往往见拇战②之徒，啖佳菜如啖木屑，心不存焉。所谓惟酒是务，焉知其余，而治味之道扫地矣。万不得已，先于正席尝菜之味，后于撤席逞酒之能，庶乎其两可也。

注释①【伊尹】商汤时期的政治家、军事家与思想家，因厨艺高超，被尊为华厨之祖。

②【拇战】猜拳行酒令。

戒火锅

冬天请客，大多习惯用火锅，火锅中的食物在客人面前沸腾翻滚，已经够令人生厌了；而且各类菜品不同，火候不同，有的适合小火烹煮，有的适宜用大火，该撤火时撤火，该添火时添火，一点差错都不能出现。现在全部用火锅来乱煮一通，菜的味道还有什么可尝的！最近有人用烧酒代替木炭，以为这是找到了好办法，却不知道食物经过了多次的沸煮之后总会变味。或许有人会问："菜冷了怎么办？"我会回答说："如果用火锅滚热的菜肴，客人没有立刻吃完，还能留着等到冷了，那么这个菜的味道究竟有多差，也就可想而知了。"

千叟宴

关于火锅的起源，众说纷纭。有人说是三国或隋炀帝时代的“铜鼎”；有人说是东汉出土的“斗”。也有人说它是成吉思汗发明的，因为成吉思汗长年征战四方，传统的烧烤羊肉吃起来很费时，为了不贻误军机，于是命令厨师将羊肉切成小块丢进沸腾的锅里煮熟，没想到却异常美味，火锅因此而流传了下来。

而乾隆可说是最爱吃火锅的一位皇帝，几乎每天都要吃火锅。按照辽宁地方志《奉天通志》中的记载，火锅是“以锡为之，分上下层，高不及尺，中以红铜为火筒着炭，汤沸时，煮一切肉脯，鸡、鱼，其味无不鲜美”。而且吃火锅还要“兼备参筋，佐以猪、羊、牛、鱼、鸡、鸭、山雉、虾、蟹等肉”，与今日炭烧铜火锅几乎没有什么差别。

1796年正月初四，乾隆在皇极殿举办由和珅主持的“千叟宴”，亲自召见全国七十岁以上的老人，一共有五千九百人出席，摆席八百桌，袁枚也在受邀之列。由于怕宾客等待时间太长，菜肴都凉了，于是以大火锅和腌肉作为主要的菜肴，众人吃得不亦乐乎。不过这次袁枚却因身体不适，加上他不喜欢火锅，所以没能到京赴宴，第二年，八十二岁的袁枚就病故了。

冬日宴客，惯用火锅，对客喧腾，已属可厌；且各菜之味，有一定火候，宜文宜武，宜撤宜添，瞬息难差。今一例以火逼之，其味尚可问哉？近人用烧酒代炭，以为得计，而不知物经多滚，总能变味。或问：“菜冷奈何？”曰：“以起锅滚热之菜，不使客登时食尽，而尚能留之以至于冷，则其味之恶劣可知矣。”

戒强让

设宴待客，是一种礼仪。然而菜肴上桌之后，理应让客人随便举筷自行选择，肥瘦整碎，各有所好，主随客便，才是最好的待客之道，何必强劝客人勉强选择？我常常看到主人用筷子帮忙夹菜，将一堆菜肴堆放在客人面前，弄脏了盘子堆满了碗，看起来令人生厌。要知道客人既非无手无眼的人，也不是儿童、新媳妇因害羞而忍饥挨饿，何必以村妇乡民的小家子气的方式来待客？那才是真的怠慢了客人！近来歌伎中此种恶习尤其盛行，她们喜欢用筷子夹菜硬塞入别人的口中，简直像在强奸他人，特别可恶。长安有位非常好客的人，但他准备的菜品并不好。有一位客人就问他：“我与您算得上是好友吧？”主人回答说：“当然是好朋友！”客人便跪下请求说：“如果真是好朋友的话，我有一个请求，您答应后我才起来。”主人惊问：“有何请求？”客人答：“以后您家请客，千万不要再邀请我了。”全座的人都大笑不已。

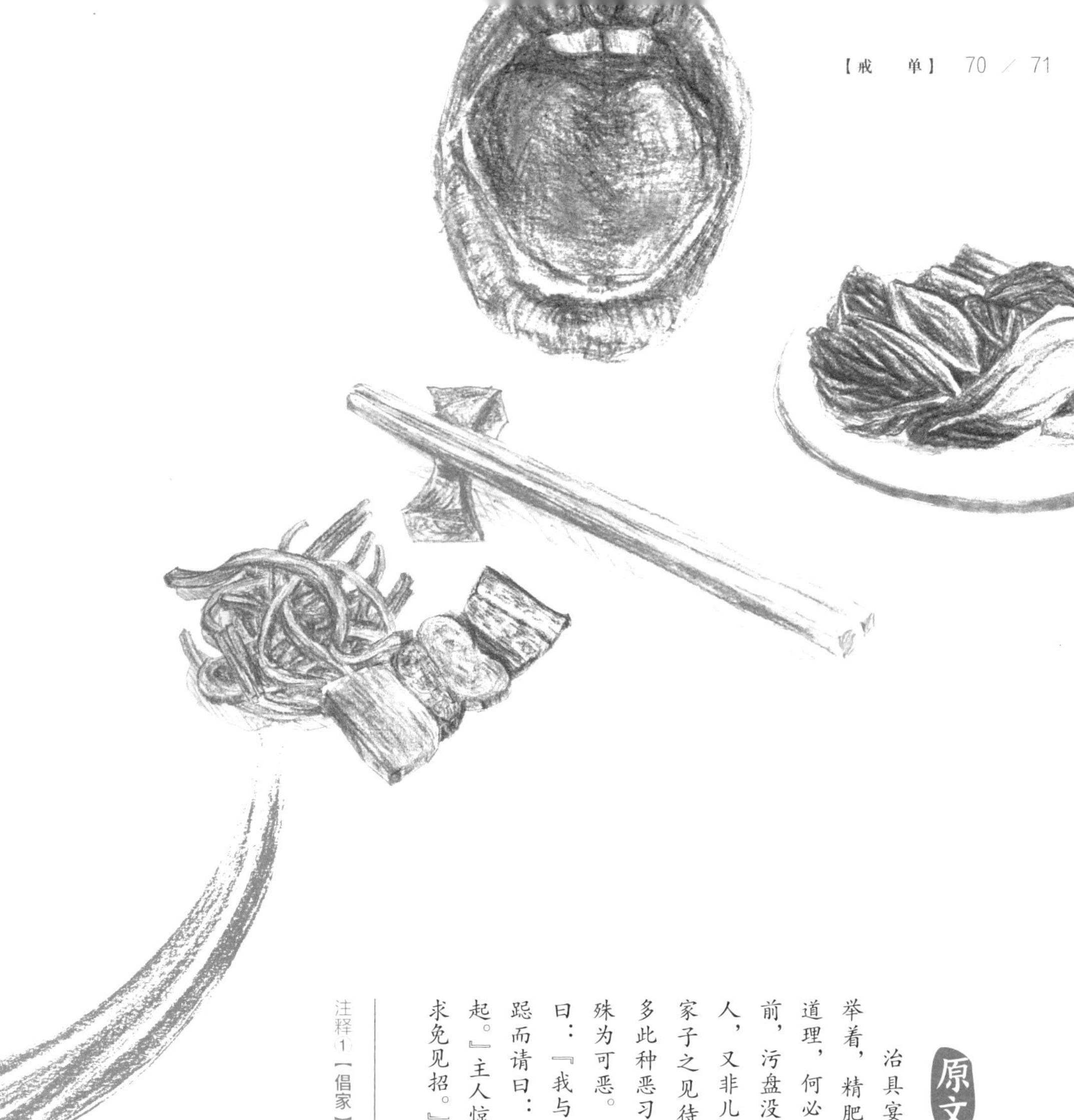

原文

治具宴客，礼也。然一肴既上，理宜凭客举着，精肥整碎，各有所好，听从客便，方是道理，何必强让之？常见主人以箸夹取，堆置客前，污盘没碗，令人生厌。须知客非无手无目之人，又非儿童、新妇，怕羞忍饿，何必以村妪小家子之见待之？其慢客也至矣！近日倡家[1]尤多此种恶习，以箸取菜，硬入人口，有类强奸，殊为可恶。长安有甚好请客而菜不佳者，一客问曰：『我与君算相好乎？』主人曰：『相好！』客跽而请曰：『果然相好，我有所求，必允许而后起。』主人惊问：『何求？』曰：『此后君家宴客，求免见招。』合坐为之大笑。

注释 ① 【倡家】指妓女或歌伎。

戒落套

唐诗是最好的，而五言八韵的试帖诗，名家都不会选它，这是为什么呢？因为它太落俗套了。诗尚且如此，食物也是一样。现今官场的菜肴，名称有“十六碟”“八簋”“四点心”的说法；有“满汉全席”的说法，有“八小吃”的说法，有“十大菜”的说法。这些庸俗的名称，都是出自恶劣厨师的陈规陋习。他们只能把这些菜名用在新亲上门、上司到来时敷衍对付；再配上椅披桌裙，插上屏风，摆上香案，不断作揖下拜的大礼，这才相称。如果是举办家庭欢宴，饮酒赋诗，怎么能用这种恶习俗套？只有盘碗错落有致地摆放，整散交替着上菜，才有大家的气象。我家的寿筵婚席，动不动就五六桌之多，若是从外面请厨师来做菜，也就难免落入这种俗套。但是经由我训练过的人，便能按照我的要求，他们做的菜肴，味道终究是与众不同的。

满汉全席

清朝入关之前保留了游牧民族的饮食风俗，大家铺上兽皮席地而坐，王公贵族围在一起，大碗喝酒大块吃肉，入关之后满人、汉人分席而坐。顺治、康熙时期为了融合满汉之间的关系，满菜、汉菜一起做，慢慢就有了满汉席的雏形。后来乾隆南巡，看到江南的官场菜，于是将其加入宫廷菜当中，这也就是满汉全席的起源。在宫廷默认了这种形式之后，满汉席开始在各地流行起来。

清人李斗历时三十年完成了《扬州画舫录》，书中记载的满汉全席中有一百三十四道菜肴，但其实最早记载满汉席的应该是袁枚的《随园食单》。但袁枚是极反对排场的，他认为当时一些饮食风尚追求铺张奢侈，繁文褥节颇多。袁枚理想中的饮食应该是效仿王羲之的曲水流觞、文酒开筵，青山绿荫、茂林修竹，厨下献上美食美酒，与客对饮赋诗，其乐无穷矣。

原文

唐诗最佳，而五言八韵之试帖[①]名家不选，何也？以其落套故也。诗尚如此，食亦宜然。今官场之菜，名号有“十六碟”、“八簋[②]”、“四点心”之称，有“满汉席”之称，有“八小吃”之称，有“十大菜”之称，种种俗名，皆恶厨陋习。只可用之于新亲上门，上司入境，以此敷衍；配上椅披桌裙，插屏香案，三揖百拜方称。若家居欢宴，文酒[③]开筵，安可用此恶套哉？必须盘碗参差，整散杂进，方有名贵之气象。余家寿筵婚席，动至五六桌者，传唤外厨，亦不免落套。然训练之卒，范我驰驱者，其味亦终竟不同。

注释①【试帖】试帖诗是中国封建时代的一种诗体，起源于唐，常用于科举考试。因诗前常题以“赋得”二字，因此也叫“赋得体”。

②【簋】古代盛放煮熟饭食的器皿，圆口，双耳，也用作礼器。

③【文酒】饮酒赋诗的意思。

戒苟且

凡事都不应该马马虎虎、因循苟且，饮食尤其如此。厨师多半是地位低下的人，一日不严加赏罚训诫，则一日必生懒惰贪玩之念。菜肴的火候不到而将就地下咽，那么，明天的菜做得必定比今天更加难吃。把菜做得失去了真味，还忍着不说，那么下次做的羹汤一定会更加草率。而且还不能让赏罚仅仅成为空谈。做得好的，一定要指出他们做得好的理由；做得差的，一定要寻找出烹饪不当的根本原因。口味的咸淡要适宜，不能有丝毫的增加或减少；制作时间和火候大小一定要得当，不可以随意上盘出菜。厨师偷懒或贪图方便，吃饭的人随随便便毫不讲究，这都是饮食大忌。详细询问、谨慎思考、明确分辨，是学习的最佳方法；随时加以指点，做到教学相长，也是做老师的责任。饮食烹饪又何尝不是如此呢？

不喝酒喝什么呢？

袁枚说自己“余性不近酒，故律酒过严，转能深知酒味”。既然袁枚不喜欢喝酒，那他喝什么呢？《随园轶事》中记载了一则《芭蕉露》，说袁枚在山中种植芭蕉三十株，“每日晨起，吸花中甘露，香生肺腑，凉沁心脾，自谓胸膈间有飘飘欲仙意”。他的弟弟香亭非常羡慕他，于是袁枚便收集了甘露，专门派人送去给他，信中说：“愿即吸之，将来一同白日飞升。”喝花露这样雅性之事，估计也只有袁枚能想得出来。

凡事不宜苟且，而于饮食尤甚。厨者，皆小人下材，一日不加赏罚，则一日必生怠玩。火齐未到而姑且下咽，则明日之菜必更加生。真味已失而含忍不言，则下次之羹必加草率。且又不止空赏空罚而已也。其佳者，必指示其所以能佳之由；其劣者，必寻求其所以致劣之故。咸淡必适其中，不可丝毫加减；久暂必得其当，不可任意登盘。厨者偷安。吃者随便，皆饮食之大弊。审问慎思明辨①，为学之方也；随时指点，教学相长，作师之道也。于是味何独不然？

注释①【审问、慎思、明辨】出自《中庸》：「博学之，审问之，慎思之，明辨之，笃行之。」

海鲜单

古代八珍里并没有包含海鲜，现在的人喜欢海鲜，因此，我也不得不遵从民意，撰写《海鲜单》。

古八珍[①]并无海鲜之说。今世俗尚之，不得不吾从众。作《海鲜单》。

注释①【**八珍**】原指八种珍贵的食物，《周礼·天官·膳夫》所记载的八珍即淳熬、淳母、炮豚、炮牂、捣珍、渍、熬、肝膋。后来泛指珍馐美味。

燕窝

燕窝是极其珍贵的食品，原本不应该轻易使用。如果使用燕窝，每碗必须使用二两的量，先用煮沸的天然泉水浸泡，然用银针挑去里面的黑丝。再用嫩鸡汤、上好的火腿汤、新蘑菇汤三种汤和燕窝一齐滚烧，以看到燕窝变成玉色为标准。燕窝是极其清淡的食物，不可和油腻的食物混杂在一起；燕窝极其柔滑雅致，也不可以和质地较硬的食物搭配在一起。如今有人用肉丝、鸡丝混杂同煮，这是吃鸡丝、肉丝，不是在吃燕窝。有些人只追求燕窝的空名，往往用三钱生燕窝浇盖一碗面，燕窝就像几根白发似的，食客筷子一挑就不见了踪影，只剩下满碗粗俗的食物，恰似乞丐在卖弄财富，反倒显露出穷相来。不得已一定要选配其他食材的话，蘑菇丝、笋尖丝、鲫鱼肚、嫩土鸡片还算可堪使用。我去粤东时，杨明府家里做的冬瓜燕窝特别美味，以柔配柔，以清入清，只是着重于使用鸡汁、蘑菇汁罢了。燕窝通身玉色，而非纯白色。有的人把燕窝打成一团，或敲成粉末的，这都属于穿凿附会的牵强做法。

关于燕窝二三事

明末清初诗人吴伟业有一首《燕窝》诗:“海燕无家苦，争衔白小鱼。却供人采食，未卜汝安居。味入金齑美，巢营玉垒虚。大官求远物，早献上林书。”这首诗将燕窝这一食材的不易取得和珍贵之处描写得淋漓尽致。诗中的前四句怜悯海燕之情溢于言表，第五、六句写燕窝的美味、成色与形状。

据记载，乾隆六下江南，每日清晨，御膳之前，一定要空腹吃冰糖燕窝粥。《红楼梦》中燕窝出现了十多次，清人裕瑞曾经批评《红楼梦》中，写食物处处不离燕窝，未免显得几分俗气。可见得燕窝自古以来就是非常受欢迎的珍馐。

原文

燕窝贵物，原不轻用。如用之，每碗必须二两，先用天泉滚水泡之，将银针挑去黑丝。用嫩鸡汤、好火腿汤、新蘑菇三样汤滚之，看燕窝变成玉色为度。此物至清，不可以油腻杂之；此物至文，不可以武物串之。今人用肉丝、鸡丝杂之，是吃鸡丝、肉丝，非吃燕窝也。且徒务其名，往往以三钱生燕窝盖碗面，如白发数茎，使客一撩不见，空剩粗物满碗，真乞儿卖富，反露贫相。不得已，则蘑菇丝、笋尖丝、鲫鱼肚、野鸡嫩片尚可用也。余到粤东，杨明府冬瓜燕窝甚佳，以柔配柔，以清入清，重用鸡汁、蘑菇汁而已。燕窝皆作玉色，不纯白也。或打作团，或敲成面，俱属穿凿。

海参三法

海参本就是无味的食物，而且沙泥很多、气味膻腥，最难做成美味佳肴。海参天生就腥味浓重，千万不可以用清淡的汤来煨煮。须选小刺参，先浸泡以去掉沙泥，再用肉汤滚泡三次，然后用鸡汤、肉汤两种汤汁红烧煨煮到烂熟。并辅以香菇、木耳等食材，因为它们都是黑色的食物，与海参的颜色相匹配。一般第二天要请客，就得提前一天煨煮，海参才会软烂。我曾经见到钱观察家中的海参烹煮方法，夏天用芥末、鸡汁拌冷海参丝，味道很好。或者把海参切成碎丁，用笋丁、香菇丁再加上鸡汤慢慢煨煮成羹。蒋侍郎家则用豆腐皮、鸡腿、蘑菇来煨海参，也很美味。

海参，无味之物，沙多气腥，最难讨好。然天性浓重，断不可以清汤煨也。须检小刺参，先泡去沙泥，用肉汤滚泡三次，然后以鸡、肉两汁红煨极烂。辅佐则用香蕈、木耳，以其色黑相似也。大抵明日访客，则先一日要煨，海参才烂。尝见钱观察①家，夏日用芥末、鸡汁拌冷海参丝，甚佳。或切小碎丁，用笋丁、香蕈丁入鸡汤煨作羹。蒋侍郎②家用豆腐皮、鸡腿蘑菇煨海参，亦佳。

注释①【观察】观察是清代对道员的尊称。钱观察就是指钱文瑞。

②【侍郎】创建于汉代的官职。清代时侍郎递升至从二品，与尚书（从一品）同为各部的长官。

鱼翅二法

鱼翅很难煮烂，要煨煮两天，才能让刚硬的鱼翅变得柔软。做法有两种：用好的火腿、好的鸡汤，加上新鲜的竹笋、一钱左右的冰糖，一起煨烂，这是一种做法；用纯鸡汤加上细萝卜丝，拆碎鱼翅掺在汤里，细丝漂浮在汤上面，使吃客无法辨别究竟是细萝卜丝还是鱼翅，这是另一种做法。如果用火腿的话，汤要少加一点；用萝卜丝的话，汤要多加一点。总之要让鱼翅软嫩融洽。若是海参因为生硬而碰到鼻尖，或是夹起鱼翅时因为硬直而滑落在盘外，那就闹笑话了。吴道士家做的鱼翅，都不选用鱼翅的下半段，单用上半段，也是很有风味的。萝卜丝要过两次水才能去掉异味。我曾在郭耕礼家吃鱼翅炒菜，味道绝美，可惜没有学到他的烹制方法。

无翅不成席

翅馔是中华料理的巅峰之作，也是富贵的象征，鱼翅作为满汉全席上的“海八珍”之一，与法国的鹅肝、俄国的鱼子酱处于同等地位。唐朝以前并无史书记载有吃鱼鳍的记录。到了唐代李贺“郎食鲤鱼尾，妾食猩猩唇”，才开启吃鱼鳍的先河。《明宫史》上记载有明神宗喜欢吃海参、鲍鱼、鲨鱼筋、肥鸡、猪蹄筋共烧一处，名曰“三事”；而明熹宗更发展出吃“一品锅”的先例，其中就放有鱼翅。

在清代就已有“无翅不成席”的说法。乾隆三十年（1765年），赵学敏《本草纲目拾遗》中说：“今人习为常嗜之品，凡宴会肴馔，必设此物以为珍享。”清末封疆大吏梁章钜在江苏为官多年，特别钟爱淮扬菜，他在《浪迹三谈》中记载：“近日淮、扬富家觞客，无不用根者，谓之肉翅，扬州人最擅长此品，真有沈浸浓郁之概，可谓天下无双。”梁章巨对盐商改进后的鱼翅吃法赞不绝口，有感而发地说：“似当日随园无此口福也。”

鱼翅难烂，须煮两日，才能摧刚为柔。用有二法：一用好火腿、好鸡汤，加鲜笋、冰糖钱许煨烂，此一法也；一纯用鸡汤串细萝卜丝，拆碎鳞翅搀和其中，飘浮碗面，令食者不能辨其为萝卜丝、为鱼翅，此又一法也。用火腿者，汤宜少；用萝卜丝者，汤宜多。总以融洽柔腻为佳。若海参触鼻，鱼翅跳盘，便成笑话。吴道士家做鱼翅，不用下鳞[1]，单用上半原根，亦有风味。萝卜丝须出水二次，其臭才去。尝在郭耕礼家吃鱼翅炒菜，妙绝！惜未传其方法。

注释1【下鳞】鱼翅的下半部。

◆ 鳆 鱼 ◆

鲍鱼的最佳吃法是炒薄片，杨中丞家把鲍鱼削成片放入鸡汤豆腐中，号称“鲍鱼豆腐”，上面再浇上陈年的糟油。庄太守用大块的鲍鱼去煨整只鸭，也别有风味。但鲍鱼的肉质坚硬，单靠牙齿很难咬断。要用火煨三天，才能将它炖烂。

原文

鳆鱼[①]炒薄片甚佳。杨中丞家削片入鸡汤豆腐中，号称鳆鱼豆腐，上加陈糟油浇之。庄太守[②]用大块鳆鱼煨整鸭，亦别有风趣。但其性坚，终不能齿决，火煨三日，才拆得碎。

注释①【**鳆鱼**】鲍鱼。

②【**太守**】官职名。州郡最高行政长官。明清时期专称知府。

◆ 海 蝘

海蝘是产于宁波的一种小鱼，味道和虾米差不多，用它来蒸蛋很好吃。当小菜也可以。

海蝘，宁波小鱼也，味同虾米，以之蒸蛋甚佳。作小菜亦可。

◆ 乌鱼蛋 ◆

乌鱼蛋的味道最鲜美，也最难烹煮。必须用河水烧滚煮透，才能洗掉其中的沙砾，并去除腥味，再加上鸡汤、蘑菇煨烂。司马龚云若家的这道菜做得最好吃。

原文

乌鱼[①]蛋最鲜，最难服事。须河水滚透，撤沙去臊，再加鸡汤、蘑菇煨烂。龚云若司马[②]家制之最精。

注释①【**乌鱼**】即墨鱼、乌贼。

②【**司马**】官职名，政府中掌管军政和军赋的长官。

◆ 江瑶柱 ◆

江瑶柱产于宁波，做法与蚶子、蛏子一样。它鲜脆的地方是肉柱部分，因此，剖洗去壳的时候，一定要多弃少取。

江瑶柱[1]出宁波，治法与蚶、蛏同。其鲜脆在柱，故剖壳时多弃少取。

注释①【江瑶柱】即干贝。

◆ 蛎 黄 ◆

牡蛎生长在石子上，它的壳与石子贴得很紧。剥肉做出来的羹，方法和蚶、蛤的做法相类似。蛎黄又叫作鬼眼，是浙江乐清、奉化两县的土产，在别的地方是没有的。

蛎黄[1]生石子上。壳与石子胶粘不分。剥肉作羹，与蚶、蛤相似。一名鬼眼。乐清、奉化两县土产，别地所无。

注释①【蛎黄】即牡蛎肉，牡蛎又名生蚝。

◆ 淡 菜 ◆

用淡菜煨肉加点汤，就很鲜美，把去掉内脏的淡菜肉用酒去炒，也很好吃。

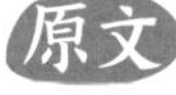

淡菜煨肉加汤，颇鲜，取肉去心，酒炒亦可。

江鲜单

东晋郭璞所著的《江赋》中提到的鱼种类很多。现在选择常见的鱼类汇集于此，因而撰写《江鲜单》。

郭璞《江赋》鱼族甚繁。今择其常有者治之。作《江鲜单》。

刀鱼二法

将刀鱼用甜酒酿、清酱腌渍过，放入盘子里，用蒸鲥鱼的方法去蒸，不必加水，味道最好。如果嫌弃刀鱼的刺太多，可以用锋利的刀子刮取鱼片，用钳子抽去鱼刺。再用火腿汤、鸡汤、笋汤来煨，味道鲜美无比。南京人怕刀鱼刺多，会先用油炸到刀鱼焦了之后再拿去煎。俗话说："把驼背夹直，这个人非死不可。"说的就是这个道理。或者也可以用快刀在鱼背上斜切，把鱼骨切断切碎，然后再下油锅煎至焦黄，加上作料，吃的时候竟然感觉不到鱼肉中有刺，这是芜湖陶大太的烹饪方法。

刀鱼用蜜酒酿、清酱，放盘中，如鲥鱼法，蒸之最佳。不必加水。如嫌刺多，则将极快刀刮取鱼片，用钳抽去其刺。用火腿汤、鸡汤、笋汤煨之，鲜妙绝伦。金陵人畏其多刺，竟油炙极枯，然后煎之。谚曰：『驼背夹直，其人不活。』此之谓也。或用快刀，将鱼背斜切之，使碎骨尽断，再下锅煎黄，加作料，临食时，竟不知有骨，芜湖陶大太①法也。

注释①【陶大太】乾隆年间芜湖地区的名厨，创制刀鱼之法。

鲥鱼

跟烹煮刀鱼的方法一样，将鲥鱼用甜酒蒸，就很好吃了；有的会直接用油煎，再加点清酱、酒酿，味道也不错。千万不要把鲥鱼切成碎块，加鸡汤煮来吃；有的人会剔掉鲥鱼的背骨，只取鱼腹来烹饪，那么鲥鱼真正的味道就全没了。

人生三大恨事

长江里产的鲥鱼与黄河的鲤鱼、太湖的银鱼、松江的鲈鱼并称中国“四大名鱼”，野生鲫鱼现已濒临绝种。张爱玲曾经说过，人生三大恨事：一恨海棠无香，二恨鲥鱼多刺，三恨《红楼梦》未完。鱼刺越多，鱼肉愈鲜美，愈受到大众的喜爱，鲥鱼就属这类。

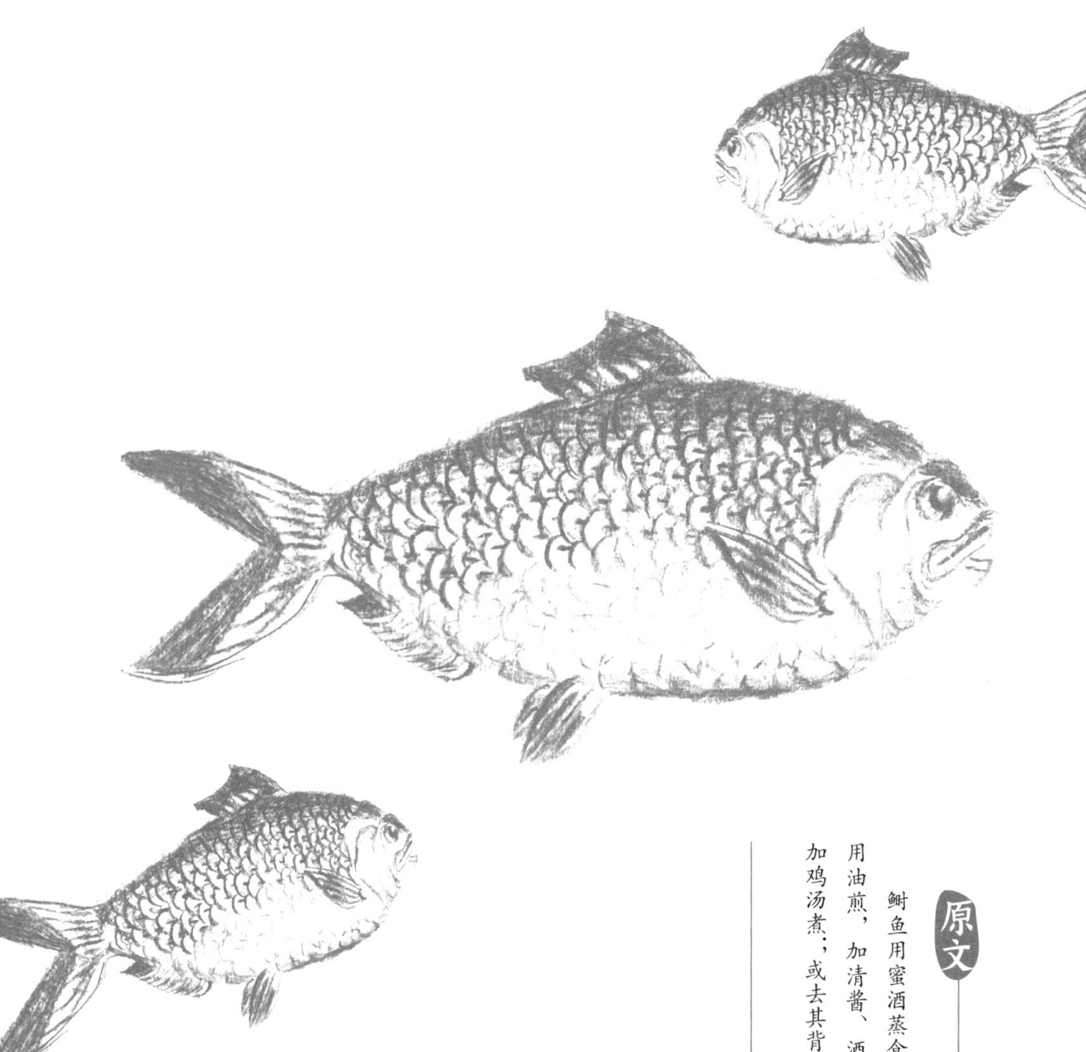

原文

鲥鱼用蜜酒蒸食，如治刀鱼之法便佳。或竟用油煎，加清酱、酒酿亦佳。万不可切成碎块，加鸡汤煮；或去其背，专取肚皮，则真味全失矣。

◆ 班　鱼 ◆

班鱼的肉最嫩，将鱼剥皮去掉内脏，留下肝和肉，用鸡汤来煨煮，加入三分酒、两分水和一分酱油。起锅时再加上一大碗姜汁、几根葱，就可以去掉鱼的腥味了。

原文

班鱼最嫩，剥皮去秽，分肝、肉二种，以鸡汤煨之，下酒三分、水二分、秋油一分；起锅时，加姜汁一大碗、葱数茎，杀去腥气。

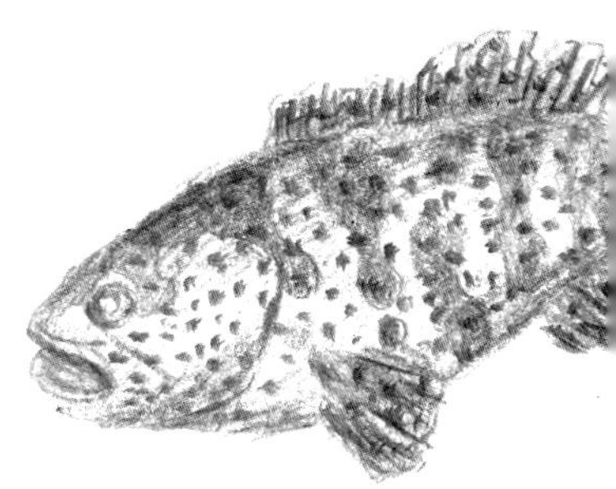

◆ 假　蟹 ◆

将煮熟的黄鱼两条，去骨留肉，取生咸蛋四个，搅碎了备用，不要拌入鱼肉中；起油锅放入黄鱼煎好，再放入鸡汤烧滚，将咸蛋搅匀放入锅中，加上香菇、葱、姜汁和酒。吃的时候酌量用一点醋来调味。

原文

煮黄鱼二条，取肉去骨，加生盐蛋四个，调碎，不拌入鱼肉；起油锅炮，下鸡汤滚，将盐蛋搅匀，加香蕈、葱、姜汁、酒，吃时酌用醋。

鲟鱼

尹文端公自夸烧鲟鳇鱼是他最拿手的绝活，但他煨鲟鳇鱼煨得有点过头了，味道太过浓浊。只有在苏州唐家吃到的炒鳇鱼片最好吃。它的烹制方法是：将鲟鱼切片用油爆炒，加入酒和酱油，烧开之后连滚三十回，加水再烧开，然后起锅加作料，多放一些姜和葱花。还有一种烹制方法是：将鱼用白水煮开滚十回，再去掉鱼骨，把肉切成小方块；取出鱼头和脆骨也将它切成小方块，把鸡汤去掉浮沫，先煨脆骨煨到八分熟，加上酒、酱油，再下鱼肉，煨到二分烂时起锅，加入葱花、花椒、韭菜和一大杯姜汁就完成了。

鱼武士

鲟鱼的体型硕大肉多，自古以来就是很美味的食物，起源于白垩纪时期，迄今有两亿多年的历史，是世界现有鱼类中寿命最长、最古老的鱼类。鲟鱼头略呈三角形，鱼嘴前有两对须，背腹有五道纵列的硬鳞骨板，有点像戴着盔甲的鱼武士。

尹文端公①自夸治鲟鳇②最佳，然煨之太熟，颇嫌重浊。惟在苏州唐氏吃炒鳇鱼片甚佳，其法：切片油炮，加酒、秋油滚三十次，下水再滚，起锅加作料，重用瓜姜、葱花。又一法：将鱼白水煮十滚，去大骨，切小方块；取明骨切小方块，鸡汤去沫，先煨明骨③八分熟，下酒、秋油，再下鱼肉，煨二分烂起锅，加葱、椒、韭，重用姜汁一大杯。

注释

①【尹文端公】即清代官吏尹继善，著有《尹文端公诗集》。

②【鲟鳇】学名达氏鳇，是鲟鱼和达氏鳇两种鱼类的总称，人们常将两者相提并论，称之为鲟鳇鱼。

③【明骨】鱼类的头骨、颚骨、鳍基骨及脊椎骨间的软骨，俗称脆骨。

黄鱼

把黄鱼切成小块，放入酱和酒密封腌渍一个时辰，沥干。然后入锅煎至两面呈黄色，加入金华豆豉一茶杯，甜酒一碗，酱油一小杯，一起煮沸。等到汤卤变干泛红之后，再加入糖、姜收汁起锅，滋味浓郁入味非常好吃。另一种方法是：将黄鱼弄碎之后，放入鸡汤中做成羹汤，加入少许的甜酱水，再用芡粉把汤汁收干盛起，也很好吃。黄鱼的味道浓重，不可以用清淡的烹制方法来做。

黄鱼切小块，酱酒郁[1]一个时辰，沥干。入锅爆炒两面黄，加金华豆豉一茶杯，甜酒一碗，秋油一小杯，同滚。候卤干色红，加糖，加瓜姜收起，有沉浸浓郁之妙。又一法，将黄鱼拆碎，入鸡场作羹，微用甜酱水、芡粉收起之，亦佳。大抵黄鱼亦系浓厚之物，不可以清治之也。

注释①【郁】密封浸泡。

特牲单

做菜时猪肉是用得最广的食材，可称得上是各种食材之首。因此古人有用整头猪作为礼物互相馈赠的礼节。因而撰写《特牲单》。

猪用最多，可称“广大教主”。宜古人有特豚[①]馈食之礼。作《特牲单》。

注释①【特豚】古代祭祀时须用整牛或整羊，称为特牲，特此处指整猪。

猪头二法

将猪头洗干净，如果猪头有五斤重的话，就准备甜酒三斤，如果有七八斤重的话，就准备甜酒五斤。先将猪头下锅和甜酒一起煮，加入葱三十根、八角三钱，一起煮沸翻滚二百多次；再倒入酱油一大杯、糖一两，等到完全熟透之后，尝尝咸淡，再适量地添加酱油。如果是添加开水，一定要没过猪头一寸，再在上面压上重物，用大火烧约一炷香的时间，然后改用文火慢炖，直到卤汁收干、油腻的部分被煮出来为止；等到肉煨烂之后即打开锅盖，慢了油脂容易流失，变得不好吃。还有一种方法是，先做一个木桶，中间用铜帘隔开来，将猪头洗干净加上作料闷在木桶中，用文火隔水蒸，等到猪头熟烂，其中的油脂就会从木桶里流出来，这样也很好吃。

原文

洗净五斤重者，用甜酒三斤；七八斤者，用甜酒五斤。先将猪头下锅同酒煮，下葱三十根、八角三钱，煮二百余滚；下秋油一大杯、糖一两，候熟后，尝咸淡，再将秋油加减；添开水要漫过猪头一寸，上压重物，大火烧一炷香；退出大火，用文火细煨，收干以腻为度；烂后即开锅盖，迟则走油。一法：打木桶一个，中用铜帘隔开，将猪头洗净，加作料闷入桶中，用文火隔汤蒸之，猪头熟烂，而其腻垢悉从桶外流出，亦妙。

猪蹄四法

选蹄髈一只，去掉爪，用白水煮烂，倒掉汤汁，再加入上等的黄酒一斤，半杯酱油，一钱陈皮，四五粒红枣，一起煨烂。起锅时，用葱、花椒、酒浇上去，挑出陈皮、红枣，这是第一种方法。第二种方法是：先用虾米煎成汤来取代水，加入酒、酱油慢慢炖煮。第三种方法是：用蹄髈一只，先将它煮熟，用植物油将蹄髈炸皱，再加上作料一起煨炖。有的当地人喜欢先剥了皮吃，叫作“揭单被”。第四种方法是：用蹄髈一个，两钵合装，加入酒和酱油，隔水蒸煮，烧两炷香的时间，叫作“神仙肉”。钱观察家烹制的煨猪蹄这道菜最好吃。

蹄膀一只，不用爪，白水煮烂，去汤；好酒一斤，清酱①酒杯半，陈皮一钱，红枣四五个煨烂。起锅时，用葱、椒、酒泼入，去陈皮、红枣，此一法也。又一法：先用虾米煎汤代水，加酒、秋油煨之。又一法：用蹄膀一只，先煮熟，用素油灼皱其皮，再加作料红煨。有土人好先掇食其皮，号称『揭单被』。又一法：用蹄膀一个，两钵合之，加酒、加秋油，隔水蒸之，以二枝香为度，号『神仙肉』。钱观察家制最精。

注释①【清酱】即酱油。

◆ 猪爪、猪筋 ◆

专门挑选猪脚，将大骨剔掉，放入鸡肉清汤中煨煮。猪蹄筋与猪爪的味道一样，可以互相搭配食用。如果有好的猪腿猪爪也可以加进去一起煨煮。

专取猪爪，剔去大骨，用鸡肉汤清煨之。筋味与爪相同，可以搭配；有好腿爪，亦可搀入。

◆ 猪肺二法 ◆

猪肺是最难洗干净的，首先要洗掉肺管里的血水，剔掉包衣。敲打倒挂，抽管割膜，要费的功夫最多，处理方法也最细腻。然后用酒水沸煮一天一夜，等猪肺缩小到像一片白芙蓉大小，浮在汤上，再加上作料，到嘴里软熟得像泥一般即可。汤西厓少宰宴请客人时，每一碗装四片，就已经用了四个猪肺。现在的人已经不下这等功夫了，只得将猪肺切碎了，放入鸡汤中煨烂，也很好吃。如果能用野鸡汤以清配清，慢慢煨煮的话会更好吃。改用上等火腿煨煮也可以。

原文

洗肺最难，以冽[①]尽肺管血水，剔去包衣为第一着。敲之、仆[②]之，挂之、倒之，抽管割膜，工夫最细。用酒水滚一日一夜。肺缩小如一片白芙蓉，浮于汤面，再加作料，上口如泥。汤西厓少宰宴客，每碗四片，已用四肺矣。近人无此工夫，只得将肺拆碎，入鸡汤煨烂亦佳。得野鸡汤更妙，以清配清故也。用好火腿煨亦可。

注释①【冽】沥干。

②【仆】同“朴”，敲打的意思。

◆猪　腰◆

猪腰片炒过了头就会硬得像嚼木头，炒嫩了又让人怀疑是不是没炒熟；不如把它煨烂了，蘸着椒盐吃就好。或者加上其他作料也可以。这种吃法只适合用手撕，不适宜用刀切。煮的时候需要一天的工夫，才能烧得软烂如泥。猪腰只适合单独烹制，千万不可掺入其他的菜肴中，它最能使其他菜沾上腥味，并且掩盖菜肴原有的味道。猪腰煨上三刻钟就会变得老硬，但煨上一整天却反而鲜嫩许多。

原文

腰片炒枯则木，炒嫩则令人生疑；不如煨烂，蘸椒盐食之为佳。或加作料亦可。只宜手摘，不宜刀切。但须一日工夫，才得如泥耳。此物只宜独用，断不可搀入别菜中，最能夺味而惹腥。煨三刻则老，煨一日则嫩。

◆猪肚二法◆

将猪肚洗干净，取肉最厚的地方，切除上下皮，只用中间的部分，切成骰子大小的肉块，滚油爆炒，加入作料后起锅，以口感爽脆为佳。这是北方人的烹制方法。南方人则把猪肚用白水加酒，煨上两炷香的时间，直到煨烂为止，蘸清盐吃，这样也是可以的；或者加入鸡汤和作料，将猪肚煨烂，等到汤汁熏干之后再切片，也很好吃。

原文

将肚洗净，取极厚处，去上下皮，单用中心，切骰子块，滚油炮炒，加作料起锅，以极脆为佳。此北人法也。南人白水加酒煨两枝香，以极烂为度，蘸清盐食之亦可；或加鸡汤作料，煨烂熏切亦佳。

白片肉

白片肉最好选用自家养的猪，屠宰之后放入锅中煮至八分熟，然后熄火，在汤中泡一个时辰之后再捞出来。将猪身上活动较多的部位切薄片上桌，不冷不热，以入口温热的口感最佳。这是北方人最擅长做的菜。南方人仿效这样的烹饪方式，但总是口感欠佳。况且，从零售市场上买回来的肉，品质也不够好。贫寒的读书人请客，宁愿用燕窝，也不用白片肉，因为这种做法所用的猪肉量太大了。至于切片的方式，必须用小快刀来切片，以肥瘦相间、横斜碎杂的口感最佳，这与孔子所谓的“肉切不方正不吃”的说法，截然相反。猪肉菜肴的名目繁多，其中以满洲的“跳神肉”最好吃。

孔子的科学饮食观

根据史书中的记载，在孔子的时代，已经很重视饮食的养生之道，而且当时的烹饪技术也已经达到相当高的水平，宫廷里已能烹制“八珍”美食。据说周朝的王室中，就有两千多名官员是负责主管饮食的。因此，在《论语》中，讨论关于“吃”这件事，至少出现过30次之多。要了解孔子的饮食观，在《论语·乡党》一篇中描写得最为详尽，用现代人的眼光来检视，仍然相当符合健康原则。

《论语·乡党》:“食不厌精，脍不厌细。食饐而餲，鱼馁而肉败，不食。色恶，不食。臭恶，不食。失饪，不食。不时，不食。割不正，不食。不得其酱，不食。肉虽多，不使胜食气。惟酒无量，不及乱。沽酒市脯，不食。不撤姜食。不多食。祭于公，不宿肉。祭肉不出三日。出三日，不食之矣。食不语，寝不言。虽疏食、菜羹，瓜祭，必齐如也。”

这段话的意思是：我们吃的饭要越精细越好，肉类也要切得越细越好。食物变了味，鱼肉开始腐败，就不要吃。颜色不对的食物，不要吃。发出恶臭的食物，也不要吃。没煮熟的食物，不要吃了。不是当令季节的食物，或者是还没到吃饭的时间，不要吃。食物没有依照规矩来切割，不要吃。没有合适的作料，不吃。肉不能吃得比其他蔬菜多。只有喝酒没有限量，但不能喝到不省人事。在街上的商铺里买的东西，不要吃。吃饭时一定要有姜。不可以吃得太饱。在祭祀之后由国君分赐的肉品，不要放到隔夜再吃。家里祭拜的肉类，也不要放超过三天。超过三天的肉品就不要吃了。吃饭时候不可交谈，睡觉之前不要谈正事。就算祭拜时只有很微薄的食物，也依然要保持着庄敬之心。

孔子认为：做饭菜应该讲究选料、刀工和烹调方法，饮食是不嫌精细的。宰杀猪、羊时割肉不合常度，也是失礼的，要吃就吃当季的食材，不可饮食过量。这些都是符合现代科学精神的饮食观念。在孔子所处的“三礼时代”，凡事都必须依照《周礼》《仪礼》《礼记》的规范来生活。《礼记》中所载的“进食之礼”，连座位怎么排，盘碗怎么放，吃饭时该怎么吃，饮食礼仪有哪些等细枝末节的事情，都会加以规范。

原文

须自养之猪，宰后入锅，煮到八分熟，泡在汤中，一个时辰取起。将猪身上行动之处，薄片上桌。不冷不热，以温为度。此是北人擅长之菜。南人效之，终不能佳。且零星市脯，亦难用也。寒士请客，宁用燕窝，不用白片肉，以非多不可故也。割法须用小快刀片之，以肥瘦相参，横斜碎杂为佳，与圣人“割不正不食”一语，截然相反。其猪身肉之名目甚多。满洲“跳神肉”最妙。

红煨肉三法

烹制红煨肉，有的用甜酱，有的用酱油，有的干脆酱油、甜酱一概不用。每一斤肉，需用三钱盐，加上纯酒来煨炖；也有直接用水来煨煮的，但必须熬干水分。这三种烹饪方法做出来的红煨肉都红如琥珀，绝对不可靠加糖来润色。红煨肉若起锅早了颜色便会发黄，起锅时间恰到好处，则红煨肉会呈现红色，起锅太迟的话，则红煨肉便会由红变紫，而且瘦肉的部分会变得很硬。煨肉时若是常常揭开锅盖，肉就会走油失味，肉的味道都会融在油汤中。红煨肉要切成方块，煨到肉质软烂到不见棱角为止，瘦肉彻底融化的状态是最好吃的。红煨肉的烹制全靠火候。谚语说："紧火粥，慢火肉。"真是一句至理名言呐！

或用甜酱，或用秋油，或竟不用秋油、甜酱。每肉一斤，用盐三钱，纯酒煨之；亦有用水者，但须熬干水气。三种治法皆红如琉璃，不可加糖炒色。早起锅则黄，当可则红，过迟则红色变紫，而精肉转硬。常起锅盖，则油走而味都在油中矣。大抵割肉虽方，以烂到不见锋棱，上口而精肉俱化为妙。全以火候为主。谚云：『紧火粥，慢火肉。』至哉言乎！

白煨肉

白煨肉的烹制方法是，每一次用一斤肉，以白水煮到八分熟时起锅，把汤倒出来；再用半斤酒、二钱半盐，煨煮一个时辰。然后加入一半的原汤，煮到汤干肉烂，再加入葱、花椒、木耳、韭菜等。先用大火再用小火慢炖。还有另一种做法是：每一斤肉，用一钱糖，半斤酒，一斤水，半茶杯的淡酱油；先放酒将肉煮沸一二十滚，再放入一钱茴香，加水焖烂，这样也会很好吃。

原文

每肉一斤，用白水煮八分好起出，去汤；用酒半斤，盐二钱半，煨一个时辰。用原汤一半加入滚干，汤腻为度，再加葱、椒、木耳、韭菜之类。火先武后文。又一法：每肉一斤，用糖一钱，酒半斤，水一斤，清酱半茶杯；先放酒，滚肉一二十次，加茴香一钱，收水闷烂，亦佳。

◆ 油灼肉 ◆

把五花肉切成方块，去掉筋膜，然后用酒和酱油腌入味，放入滚烫的油中炸，让肥肉不腻，瘦肉酥松。在快要起锅时，再加上葱、蒜，稍微加点醋即可。

原文

用硬短勒切方块，去筋襻[①]，酒酱郁过，入滚油中炮炙[②]之，使肥者不腻，精者肉松。将起锅时，加葱、蒜，微加醋喷之。

注释①【筋襻】瘦肉或骨头上白色的筋膜。

②【炮炙】原来的意思是指将中药材用火焰烤的加工方法，这里指的是指把肉放在滚油中炸。

◆ 干锅蒸肉 ◆

把肉切成方块，放在小瓷钵里，拌入甜酒、酱油，再装进大钵内将钵口封好，放进大锅中，不要加水，用小火干蒸约两炷香的时间。酱油与酒该放多少，要根据肉量的多少而定，通常以盖住肉块为准。

原文

用小磁钵，将肉切方块，加甜酒、秋油，装大钵内封口，放锅内，下用文火干蒸之。以两枝香为度，不用水。秋油与酒之多寡，相肉而行，以盖满肉面为度。

◆ 盖碗装肉 ◆

放在手炉上蒸煮，做法与前面的干锅蒸肉的方法一样。

放手炉上。法与前同。

◆ 磁坛装肉 ◆

以稻壳点火，放在瓷坛中慢慢煨，做法与前面两种相同，但一定要记得把坛口紧紧地密封好。

放砻[1]糠中慢煨。法与前同。总须封口。

注释①【砻】磨稻谷去稻壳的工具。

脱沙肉

将肉去皮之后切碎，每一斤肉需用三个鸡蛋，把蛋清、蛋黄一起调匀之后用来拌肉；再把拌好的肉剁碎，加入半酒杯酱油，与葱末一起拌匀，再用一张网油把馅包好；另外再锅子里倒入四两的菜油，将肉的两面煎熟，起锅之后将油倒掉；再用一茶杯好酒、半酒杯酱油，和煎好的肉一起放回锅中焖煮至透，再将肉取出来切片，在肉上面撒上韭菜、香菇和笋丁即可。

原文

去皮切碎，每一斤用鸡子三个，青黄俱用，调和拌肉，再斩碎；入秋油半酒杯，葱末拌匀，用网油①一张裹之；外再用菜油四两，煎两面，起出去油；用好酒一茶杯，清酱半酒杯闷透，提起切片；肉之面上加韭菜、香蕈、笋丁。

注释①【网油】猪的肠系膜、大网膜堆积的脂肪，在猪的腹部呈网状的油脂。

◆ 晒干肉 ◆

将瘦肉切成薄片，在烈日下暴晒，直到晒干为止。吃的时候用陈年的大头菜，夹着肉片干炒就很好吃。

切薄片精肉，晒烈日中，以干为度。用陈大头菜夹片干炒。

◆ 火腿煨肉 ◆

把火腿切成方块，先放冷水中煮沸三次，去汤沥干；把肉也切成方块，用冷水烧滚两次，同样去汤沥干；再把火腿块和肉块用清水慢慢煨煮，加入四两酒、葱、花椒、笋、香菇等。

原文

火腿切方块，冷水滚三次，去汤沥干；将肉切方块，冷水滚二次，去汤沥干；放清水煨，加酒四两、葱、椒、笋、香蕈。

◆ 鲞鱼煨肉 ◆

鲞鱼煨肉的烹制方法与火腿煨肉相同。鲞鱼容易熟烂，因此应该先将猪肉煨到八分熟，然后再加入鲞鱼；炖好的鲞鱼煨肉放凉了就叫“鲞冻”。这是绍兴人的菜肴。如果鲞鱼不够新鲜，就不要用来做菜。

作法与火腿煨肉同。鲞易烂，须先煨肉至八分，再加鲞；凉之，则号“鲞冻”。绍兴人菜也。鲞不佳者，不必用。

◆ 粉蒸肉 ◆

挑选半肥半瘦的猪肉，先将米粉炒至金黄色，将肉拌上面酱裹上米粉，肉下面垫着白菜，一起放进蒸笼里蒸。等蒸熟之后，不但肉的味道鲜美，菜的味道也很好。由于粉蒸肉是不加水的，因此味道非常独特好吃。这是一道江西菜。

用精肥参半之肉，炒米粉黄色，拌面酱蒸之，下用白菜作垫。熟时不但肉美，菜亦美。以不见水，故味独全。江西人菜也。

熏煨肉

先用酱油、酒将肉煨好，将带汁的肉放在木屑上稍微熏一会儿，时间不要太长，让肉呈现半干半湿的状态，这时的肉质非常香嫩。吴小谷广文先生家烹制的这道菜肴，味道好极了。

先用秋油、酒将肉煨好，带汁上木屑略熏之，不可太久，使干湿参半，香嫩异常。吴小谷广文[1]家，制之精极。

注释①【广文】唐天宝九年设广文馆。设置博士、助教等职务，主持国学。因此明清时称主持教育事务的官员为广文，也称为广文先生。

芙蓉肉

挑选一斤瘦肉将它切片，在酱油中浸一下，然后将肉风干一个时辰。再挑选四十只大虾的肉，二两猪油，先把虾肉切成骰子大小的块状，将虾肉放在猪肉上。一块肉上放一只虾，再将它敲扁，放在开水中煮熟之后捞起来。然后在锅里烧热半斤的菜油，将肉片放在铜篱里，放入滚油中炸熟。再用煮沸的半酒杯酱油、一杯酒、一茶杯鸡汤，浇在肉片上，然后将蒸粉、葱、花椒拌匀，撒在肉片上起锅。

原文

精肉一斤，切片，清酱拖过，风干一个时辰。用大虾肉四十个，猪油二两，切骰子大，将虾肉放在猪肉上。一只虾，一块肉，敲扁，将滚水煮熟撩起。熬菜油半斤，将肉片放在眼铜勺内，将滚油灌熟。再用秋油半酒杯，酒一杯，鸡汤一茶杯，熬滚，浇肉片上，加蒸粉、葱、椒，糁[1]上起锅。

注释①【糁】洒、散落的意思。

◆ 菜花头煨肉 ◆

将台心菜的嫩蕊稍微用盐腌一下，晒干之后就可以用来烹制菜肴了。

用台心菜嫩蕊，微腌，晒干用之。

◆ 炒肉片 ◆

将肥瘦各半的猪肉切成薄片，用清酱拌匀。入油锅中爆炒，等到听见爆炒声响时，立即加入酱油、水、葱、瓜、冬笋和韭菜芽，起锅时要用猛火。

原文

将肉精、肥各半，切成薄片，清酱拌之。入锅油炒，闻响即加酱、水、葱、瓜、冬笋、韭芽，起锅火要猛烈。

◆ 猪里肉 ◆

猪里脊肉，品质优良而且肉质细嫩，但大多数人都不知道应该怎么吃。我曾经在扬州谢蕴山太守家的筵席上吃过，味道很好。据说是将里脊肉切薄片，用芡粉勾芡后再团成小把，放进虾汤中，加入香菇、紫菜清煮，肉一熟便立刻起锅。

猪里肉，精而且嫩。人多不食。尝在扬州谢蕴山太守席上食而甘之。云以里肉切片，用纤粉团成小把入虾汤中，加香蕈、紫菜清煨，一熟便起。

荔枝肉

把肉切成骨牌大小的薄片，放进白水中煮沸二三十滚，捞出来；将菜油半斤倒入锅中加热，再将肉片放入油锅中炸透，捞起来，再用冷水浇凉，让肉起皱卷起之后，再捞出来；最后将肉放入锅内，加入半斤酒，一小杯酱油，半斤水，把肉煮烂即可。

闽菜

荔枝肉是福州家喻户晓的传统名菜，已有二三百年的历史。闽菜以福州菜为基础，是八大菜系中较为低调的一系，由中原汉族文化和当地古越族文化融合而成。闽菜有三大特色，一是擅长用红糟来调味，二是擅长炖汤品，三是擅长使用糖醋来调味。

最经典的闽菜除了招牌菜“佛跳墙”和“沙县小吃”之外，还有七星鱼丸、红糟鱼排、荔枝肉等著名的菜色。

这道荔枝肉在入油锅炸之前，要先在肉上面割几道切口，使炸出来的酥肉不仅外形像荔枝一样，其酸甜的口感亦与荔枝有一些相似之处，味道极好。

原文

用肉切大骨牌片，放白水煮二三十滚撩起；熬菜油半斤，将肉放入炮透撩起，用冷水一激，肉皱撩起；放入锅内，用酒半斤，清酱一小杯，水半斤，煮烂。

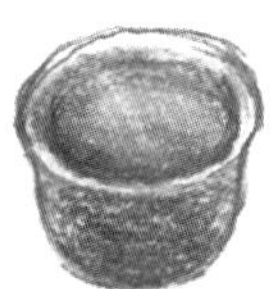

八宝肉

肥瘦各半的猪肉一斤，先用白水煮沸一二十滚，捞出之后把肉切成柳叶片的形状。再准备二两小淡菜、二两鹰爪嫩茶、一两香菇、二两海蜇头、四个去皮的核桃仁、四两笋片、二两上等火腿和一两麻油。将肉放回锅里，加入酱油和酒煨至五分熟，再将上述的配料加入肉中，最后放入海蜇头。

以茶入菜

宋代人顾文荐所写的《负喧杂录》中记载：“凡茶芽数品，最上曰小芽，如雀舌、鹰爪，以其直纤锐，故号芽茶。”最好的嫩茶又称为雀舌或鹰爪。

以前的人喜欢在烹饪猪肉时加入嫩茶，用来增加肉质的清香，现在人们还依然保有这样的喜好，其中最有名的莫过于“龙井虾仁”了。用茶来烹饪食物还是有讲究的，例如，用龙井茶做菜味道鲜美；用红茶来调味香醇可口；用乌龙茶炖汤别具风味，平时我们喜欢吃的茶叶蛋，也是以茶入菜，芳香扑鼻。

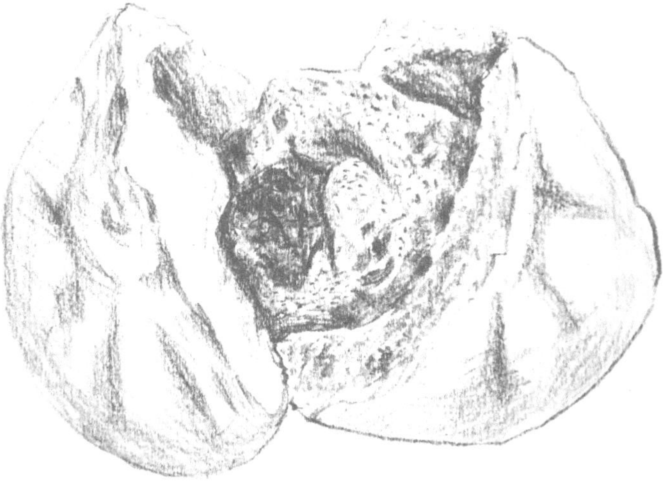

用肉一斤，精、肥各半，白煮一二十滚，切柳叶片。小淡菜二两，鹰爪①二两，香蕈一两，花海蜇②二两，胡桃肉四个去皮，笋片四两，好火腿二两，麻油一两。将肉入锅，秋油、酒煨至五分熟，再加余物，海蜇下在最后。

注释①【鹰爪】指嫩茶，因为形状像鹰爪，因此将嫩茶称为鹰爪。

②【花海蜇】即海蜇头。

炒肉丝

把肉切成细丝，去掉筋膜、皮、骨，用酱油、酒浸泡片刻，再把菜油倒入锅中加热到由白烟变成青烟之后，将肉丝倒入，不停地翻炒直到炒匀为止，随即加入适量的蒸粉、一滴醋、一小撮糖，以及葱白、韭菜段之类的配料；如果只炒半斤肉，就必须用大火炒，不需要加水。还有另一种方法是：将肉丝用油爆炒之后，加入酱油和酒慢慢煨煮，等到肉呈现红色时就起锅，加上韭菜味道特别的香。

关于韭菜

韭菜原产于中国。中国人种韭菜已经有3000多年的历史，雅称起阳子，自古以来就被归类为荤食。在《诗经》中就有“献羔祭韭”的诗句，商周之际，韭就被用作食品、调味品、祭品，与稻谷相提并论。隋唐的《食经》中，把放在黑暗之中生长的白韭菜称为“韭黄”。

在《本草纲目》中提到韭菜的功效是：“生汁主上气，喘息欲绝，解肉脯毒。煮汁饮，能止消咳盗汗。”韭籽补肝及命门，专治频尿和遗尿。韭菜含有丰富的蛋白质、维生素B、维生素C，还有矿物质钙和磷，其中的胡萝卜素含量比大蒜还高，仅次于胡萝卜。此外，韭菜还含有微量元素锌。

原文

切细丝，去筋襻、皮、骨，用清酱、酒郁片时，用菜油热起，白烟变青烟后，下肉炒匀，不停手，加蒸粉，醋一滴，糖一撮，葱白、韭蒜之类；只炒半斤，大火，不用水。又一法：用油炮后，用酱水加酒略煨，起锅红色，加韭菜尤香。

八宝肉圆

挑选肥瘦各半的肉，切成细细的肉末，再将松仁、香菇、笋尖、荸荠、嫩姜之类的作料也切成细细的碎末，再加入芡粉用手捏成丸子，放在盘子里，最后加入甜酒、酱油上锅蒸熟。这种肉圆入口松脆。家致华说：“做肉圆的馅应当切而不应当剁碎。”一定有其道理。

原文

猪肉精、肥各半，斩成细酱，用松仁、香蕈、笋尖、荸荠、瓜姜之类，斩成细酱，加芡粉和捏成团，放入盘中，加甜酒、秋油蒸之。入口松脆。家致华云：“肉圆宜切，不宜斩。”必别有所见。

空心肉圆

把猪肉捶成肉酱，加入调料腌过，再用结成冻的一小团猪油做馅，放在肉团当中，上锅去蒸，猪油遇热便会熔化，而肉团便会呈现空心的状态。这种烹制方法，以镇江人最擅长。

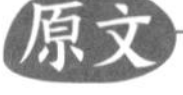

将肉捶碎郁过，用冻猪油一小团作馅子，放在团内蒸之，则油流去，而团子空心矣。此法镇江人最善。

◆ 锅烧肉 ◆

猪肉煮熟之后不要去皮，放入烧热的麻油锅中炒一下，然后切块加入盐，或者蘸酱油吃也可以。

煮熟不去皮，放麻油灼过，切块加盐，或蘸清酱，亦可。

◆ 酱　肉 ◆

把肉先稍微腌一下，再将面酱抹在上面，或者单独用酱油拌一拌腌制一下，等到肉风干之后再吃。

先微腌，用面酱酱之，或单用秋油拌郁，风干。

糟　肉

先将肉略微腌一下，再用米酒糟去腌制。

先微腌，再加米糟。

暴腌肉

用少量的盐在肉中搓揉，腌三天就可以吃了。酱肉、糟肉、暴腌肉这三种肉都是冬天吃的菜肴，不适合在春夏两季吃。

原文

微盐擦揉，三日内即用。（以上三味，皆冬月菜也。春夏不宜。）

家乡肉

杭州的家乡肉品质好坏各有不同，可以分成上、中、下三种等级。大致上味道清淡饱含鲜味，瘦肉的部分可以横咬的便是最佳等级。当然放久之后的家乡肉便是最好的火腿。

原文

杭州家乡肉好丑不同。有上、中、下三等。大概淡而能鲜，精肉可横咬者为上品。放久即是好火腿。

◆ 笋煨火肉 ◆

冬笋与火腿肉一同切成方块，放在一起一同煨煮。等火腿水洗两遍去掉盐水之后，再放入冰糖煨烂。席武山别驾说："火腿肉煮好之后，如果想留到第二天再吃，必须保留原汤，等第二天将火腿肉放到汤中滚煮之后再吃。如果火腿离汤干放，就会因为被风吹干而使肉质变得柴硬；若是加白水再煮过，味道就变淡了。"

原文

冬笋切方块，火肉[1]切方块，同煨。火腿撤去盐水两遍，再入冰糖煨烂。席武山别驾[2]云：凡火肉煮好后，若留作次日吃者，须留原汤，待次日将火肉投入汤中滚热才好。若干放离汤，则风燥而肉枯；用白水则又味淡。

注释①【火肉】即火腿肉。

②【别驾】官职名。清代州判、州司马的别称，为地方衙门主管的副手。

◆ 烧猪肉 ◆

凡是烧制猪肉，都必须要有耐心。先烧烤里面的肉，使油膏渗入皮肉内，就可以使肉皮松脆而不会走味。如果先烧烤皮的话，那么肉中的油便会全部滴到火苗上，这样会使肉皮焦硬，味道也不是很好。烤乳猪的道理也是一样的。

原文

凡烧猪肉，须耐性。先炙里面肉，使油膏走入皮肉，则皮松脆而味不走。若先炙皮，则肉上之油尽落火上，皮既焦硬，味亦不佳。烧小猪亦然。

尹文端公家风肉

杀一头猪，斩成八块，每一块都用四钱炒过的盐，在肉上细细地揉搓，让每个地方都被揉搓到，然后高挂在通风并且无太阳照射的阴凉处。偶尔有虫蛀蚀，就用香油在上面涂抹。夏天取用时，先放入水中浸泡一夜之后再煮，煮的时候要适量的加水，不要过多也不要太少，以能盖住肉为最佳。切肉片时，要用快刀横切，不可顺着肉的纹路斩切。这道菜只有尹府做得最好吃，常常被当作贡品进贡。现在徐州所产的风肉不如尹家的好，不知道是什么原因。

风肉飘香

风肉是介于火腿和咸肉之间的一种腌制猪肉，在江浙一带有数百年历史。在明朝，朱元璋偶尔吃到风肉，之后便念念不忘，于是就将风肉封为贡品。明武宗朱厚照在游览兰溪时更写下了“兰荫深处，风肉飘香”的字句。直到清朝，风肉都是江南必备的贡品。

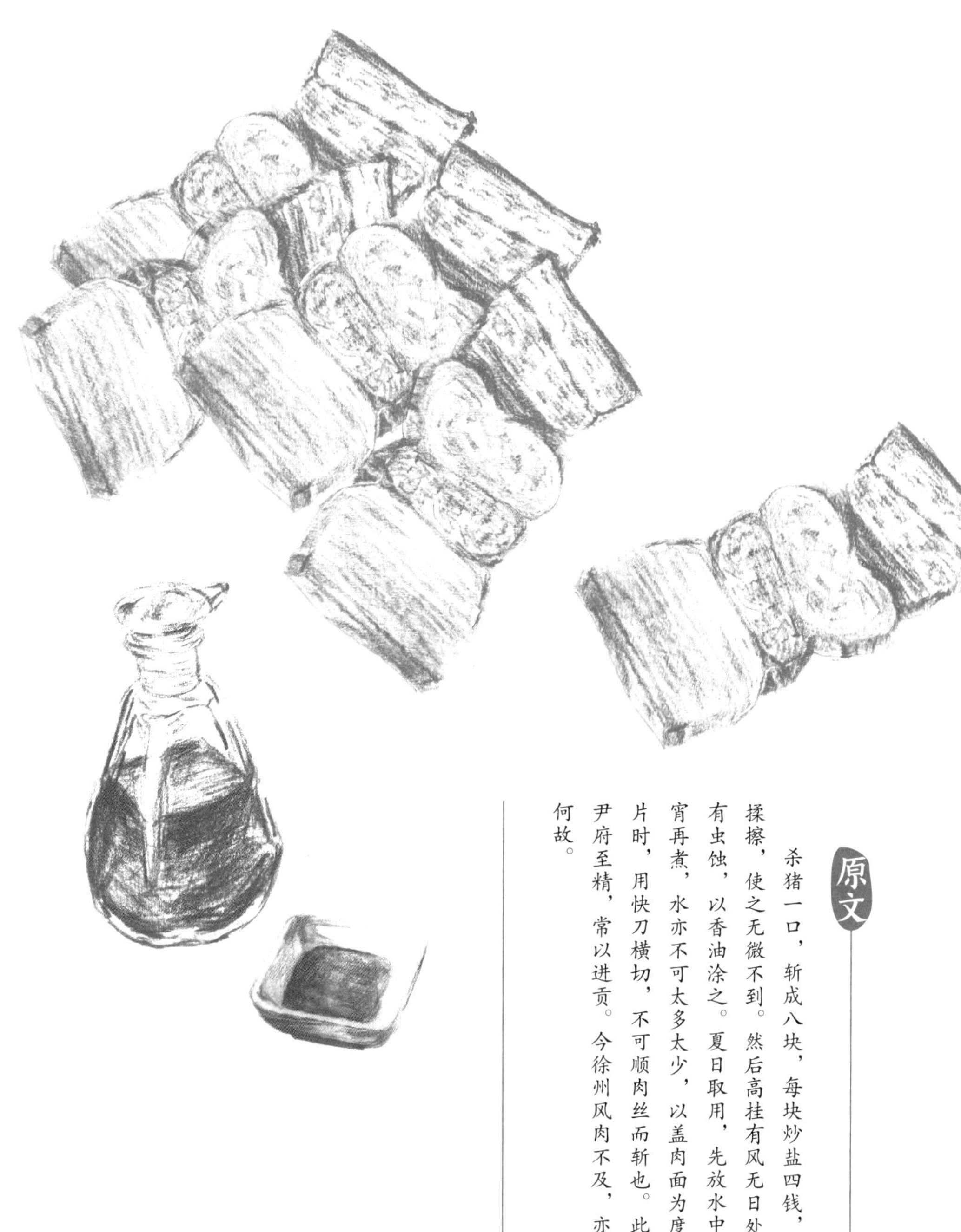

原文

杀猪一口，斩成八块，每块炒盐四钱，细细揉擦，使之无微不到。然后高挂有风无日处。偶有虫蚀，以香油涂之。夏日取用，先放水中泡一宵再煮，水亦不可太多太少，以盖肉面为度。削片时，用快刀横切，不可顺肉丝而斩也。此物惟尹府至精，常以进贡。今徐州风肉不及，亦不知何故。

◆

烧小猪

◆

将一只六七斤重的小猪拔干净猪毛，清除掉内脏之后，又在炭火上烧烤。要四面均匀烧烤，烤到深黄色为准。猪皮上用奶酥油慢慢地涂抹，一边涂一边烤。吃的时候猪皮酥的为上品，脆的属中品，硬的就是下品了。满族人有只用酒烧小猪的、有用酱油蒸来吃的，只有我家龙文弟做的烧小猪做得比较好。

烤乳猪

烧小猪，就是烤乳猪，属“八珍”之一的美食。烤制的方法早在《礼记》中就有记载，西周时称为“炮豚”。烤乳猪大都是在欢乐的庆典中，被当作主要的大菜来制作。

小猪一个，六七斤重者，钳毛去秽，叉上炭火炙之。要四面齐到，以深黄色为度。皮上慢慢以奶酥油涂之，屡涂屡炙。食时酥为上，脆次之，硬斯下矣。旗人有单用酒、秋油蒸者，亦惟吾家龙文弟颇得其法。

◆ 排　骨 ◆

选取肥瘦肉各半的肋条排骨，抽去当中的直骨，用大葱代替骨，烧烤时要用醋、酱，频频在排骨上涂刷，但不可烤得太焦太硬。

取勒条排骨精肥各半者，抽去当中直骨，以葱代之，炙用醋、酱，频频刷上，不可太枯。

◆ 杨公圆 ◆

杨明府他们家烹制的肉圆，个头跟茶杯一样大，口感细腻非常好吃。尤其是汤特别鲜美爽口，入口即化。大概是因为肉已经去掉了筋膜和筋节，而且将肉剁得很细碎，肥肉瘦肉各半，且用芡粉调匀的缘故吧。

杨明府作肉圆，大如茶杯，细腻绝伦。汤尤鲜洁，入口如酥。大概去筋去节，斩之极细，肥瘦各半，用芡合匀。

◆ 黄芽菜煨火腿 ◆

选用上等的火腿，削去外皮之后，去掉肥油留下瘦肉。先用鸡汤将削下的火腿皮煨至酥软，再将肉煨至酥软，然后放入黄芽菜心，菜心要连根茎一起切成约两寸长的段；加上蜂蜜、酒酿和水，煨上半日。吃到嘴里又甘甜又鲜美，肉菜都入口即化，但是菜的根茎和菜心一点都没散开，肉汤也极为美味。这是朝天宫道士的烹制方法。

原文

用好火腿削下外皮，去油存肉。先用鸡汤将皮煨酥，再将肉煨酥，放黄芽菜心，连根切段约二寸许长；加蜜、酒酿及水，连煨半日。上口甘鲜，肉菜俱化，而菜根及菜心，丝毫不散。汤亦美极。朝天宫道主法也。

◆ 蜜火腿 ◆

挑选上等的火腿，连皮切成大方块，用甜酒煨至烂熟最好吃。火腿的好坏、优劣有着天壤之别。虽然都是出自金华、兰溪、义乌三个地方的火腿，但徒有虚名的实在很多。不好的火腿，反而不如腌肉来得好吃。只有杭州忠清里王三房家卖的，一斤火腿四钱的品质最好。我在尹文端公的苏州公馆吃过一次，那火腿香味在门外就能闻得到，特别的甘醇鲜美。此后再也没有碰到过这么好吃的火腿了。

原文

取好火腿，连皮切大方块，用蜜酒煨极烂，最佳。但火腿好丑、高低判若天渊。虽出金华、兰溪、义乌三处，而有名无实者多。其不佳者，反不如腌肉矣。惟杭州忠清里王三房家，四钱一斤者佳。余在尹文端公苏州公馆吃过一次，其香隔户便至，甘鲜异常。此后不能再遇此尤物矣。

端州三种肉

端州的三种肉，一种是罗蓑肉；另一种是锅烧白肉，不加任何作料，煮熟后用芝麻和盐拌着吃；还有一种是将肉切成片煨好之后，用酱油拌着吃。这三种肉都适合当作家常菜。这是端州聂、李两位厨师所烹制的，我特地让杨二去向他们学习。

袁枚家的厨师

袁枚和家里的厨子感情很好，虽然平日里袁枚对待家厨十分严格，但这和他讲究吃的态度有关。他的家厨王小余死后，袁枚特别为他写了一篇《厨者王小余传》，说："余每食必为之冠，且思其言，有可治民者焉，有可治文者焉。"让王小余成为我国古代唯一死后有传记传世的名厨。

除了王小余，袁枚还有两位厨师，一个叫招姐，一个是杨二。袁枚以西晋太康时期最会做菜的名厨李络秀来比喻招姐，后来又把这位难得的厨娘赐婚给自己七十多岁时收的学生刘霞裳。而被袁枚派去端州（今广东肇庆）李二厨那里学习罗蓑肉、锅烧白肉制作方法的杨二，在他去世时，袁枚也写了《庖人杨二事余有年忽然化去不能无诗》一文，用来悼念这位满足自己口腹之欲多年的厨师。

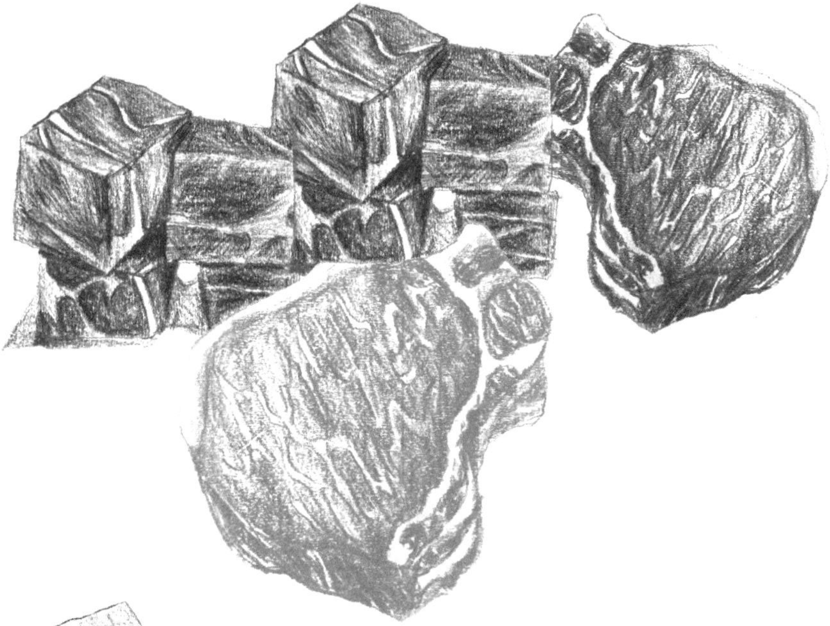

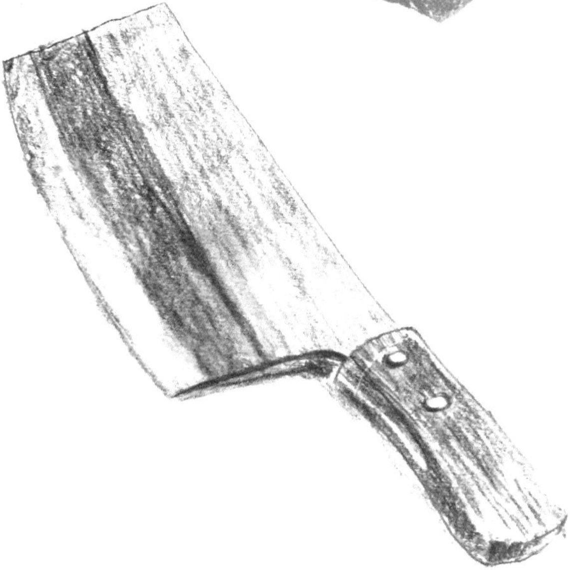

原文

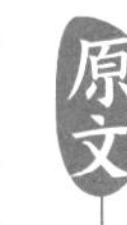

一罗蓑肉；一锅烧白肉，不加作料，以芝麻、盐拌之；切片煨好，以清酱拌之。三种俱宜于家常。端州聂、李二厨所作。特令杨二学之。

杂牲单

牛、羊、鹿三种肉类，虽然并不是南方人家中经常会出现的食物。但它的烹饪方法却不可以不了解，因此特别撰写《杂牲单》。

牛、羊、鹿三牲，非南人家常时有之物。然制法不可不知，作《杂牲单》。

◆ 牛　肉 ◆

购买牛肉的方法，是先到各肉店去预付订金，再去挑选腿筋夹肉部位的牛肉，这样的牛肉不会太瘦也不会太肥。拿回家之后，剔掉牛肉的筋膜，用三分酒、二分水清炖到软烂；再加入适量的酱油煨到收汁即可。牛肉的味道独特，最好单独烹制，不可与其他食物搭配烹调。

原文

买牛肉法，先下各铺定钱，凑取腿筋夹肉处，不精不肥；然后带回家中，剔去皮膜，用三分酒、二分水清煨极烂；再加秋油收汤。此太牢[①] 独味孤行者也，不可加别物配搭。

注释①【**太牢**】古代帝王祭祀社稷时，必须牛、羊、猪三牲齐备，而称此三牲为“太牢”。

◆ 牛　舌 ◆

牛舌是极好吃的食物，将牛舌剥皮去掉筋膜，切成片，放进牛肉中一起煨煮。也有的人在冬天时，将牛舌腌制之后，风干了等待来年再食用，味道与优质的火腿差不多。

原文

牛舌最佳。去皮、撕膜、切片，入肉中同煨。亦有冬腌风干者，隔年食之，极似好火腿。

◆ 獐　肉 ◆

獐肉的烹制方法与牛肉、鹿肉相同。可以把它做成肉干。獐肉没有鹿肉松嫩，却比鹿肉的肉质细腻。

制獐肉，与制牛、鹿同。可以作脯。不如鹿肉之活，而细腻过之。

◆ 羊　蹄 ◆

煨羊蹄的烹制方法，依照煨猪蹄的方法来做，可以分成红烧和清炖两种。大致上用酱油煨炖的是红烧，用盐来煨煮的是清炖。煨羊蹄适合用山药来搭配，很好吃。

煨羊蹄，照煨猪蹄法，分红、白二色。大抵用清酱者红，用盐者白。山药配之宜。

羊头

羊头上的毛要去干净，如果去不干净，就用火将毛烧干净。将羊头洗干净之后切开，煮烂之后去骨。羊嘴里的老皮也要撕干净。将眼睛切成两块，剥掉黑皮，不要眼珠，再切成碎丁。然后用老的肥母鸡汤来炖煮，再加入香菇、笋丁，四两甜酒，一杯酱油。如果喜欢吃辣的，就加入十二颗小胡椒，十二段葱节；如果喜欢吃酸的，就加入一杯好的米醋。

老北京的消夜首选

羊头肉曾经是北京人打麻将时的消夜，也是喝二锅头的北京爷们儿的下酒菜之一。立秋之后，老北京羊头肉开始上市。老北京的羊头肉有三绝：一是白水羊头，不加入任何作料；二是白汤羊头，只加盐或少量调料；三是酱羊头，既加盐又加酱油。卖羊头肉的小贩会用刀将羊头的皮剥下来，然后用刀片成大薄片，再撒上五香椒盐，令人垂涎三尺。

原文

羊头毛要去净；如去不净，用火烧之。洗净切开，煮烂去骨。其口内老皮俱要去净。将眼睛切成二块，去黑皮，眼珠不用，切成碎丁。取老肥母鸡汤煮之，加香蕈、笋丁，甜酒四两，秋油一杯。如吃辣，用小胡椒十二颗、葱花十二段；如吃酸，用好米醋一杯。

◆ 全　羊 ◆

全羊的烹制方法多达七十二种，但好吃的也不过十八九种罢了。这是高超的烹饪技艺，一般的家厨很难学会。虽然每一盘每一碗装的都是羊肉，但是味道必须各有不同才好。

原文

全羊法有七十二种，可吃者不过十八九种而已。此屠龙之技[1]，家厨难学。一盘一碗，虽全是羊肉，而味各不同才好。

注释①【**龙之技**】语出《庄子·列御寇》，用来指技术高超，却不实用的技巧。

◆ 红煨羊肉 ◆

红煨羊肉的烹制方法和红煨猪肉一样。加入打了孔的核桃，可以去掉羊肉的膻腥味。这是一种古老的烹饪方法。

与红煨猪肉同。加刺眼核桃，放入去膻。亦古法也。

◆ 羊肚羹 ◆

将羊肚洗干净，煮烂之后切丝，再用原本煮羊肚的汤煨煮，也可以加入胡椒或醋。这是北方人的烹制方法，南方人做的不如北方人做的脆。钱玛沙方伯家的锅烧羊肉烹制的味道特别好，我要去向他讨教制作方法。

将羊肚洗净，煮烂切丝，用本汤煨之。加胡椒、醋俱可。北人炒法，南人不能如其脆。钱玛沙方伯[1]家，锅烧羊肉极佳，将求其法。

注释①【方伯】官职名，一方之长的意思，泛称地方长官。明、清时是对布政使的尊称。

将熟羊肉切成骰子般的小块。再用鸡汤慢慢煨煮，然后加入笋丁、香菇丁、山药丁等配菜一起煨煮。

一碗亡国的羊羹

《战国策》中曾经记载了一个关于一碗羊肉羹而导致亡国的故事。据说中山君以羊羹宴请群臣，轮到大夫司马子期，羊羹没有了，司马子期以为这是对自己的侮辱，怒走投楚，并且说服楚王讨伐中山君。中山君临死之前说了一句：“吾以一杯羹致亡国矣”。

另一则故事出现在刘向的《说苑》中。宋与郑作战，开战之前宋国的将领华元宰杀羊做羹来犒劳将士，恰巧给华元驾车的羊斟没吃到，于是在作战时，羊斟负气之下，把华元的战车开进郑营中，导致华元被俘，宋军大败。

从这两则故事中可以看出，羊羹在当时一定是一道不容易吃到的大菜，其滋味也必定美味无比。

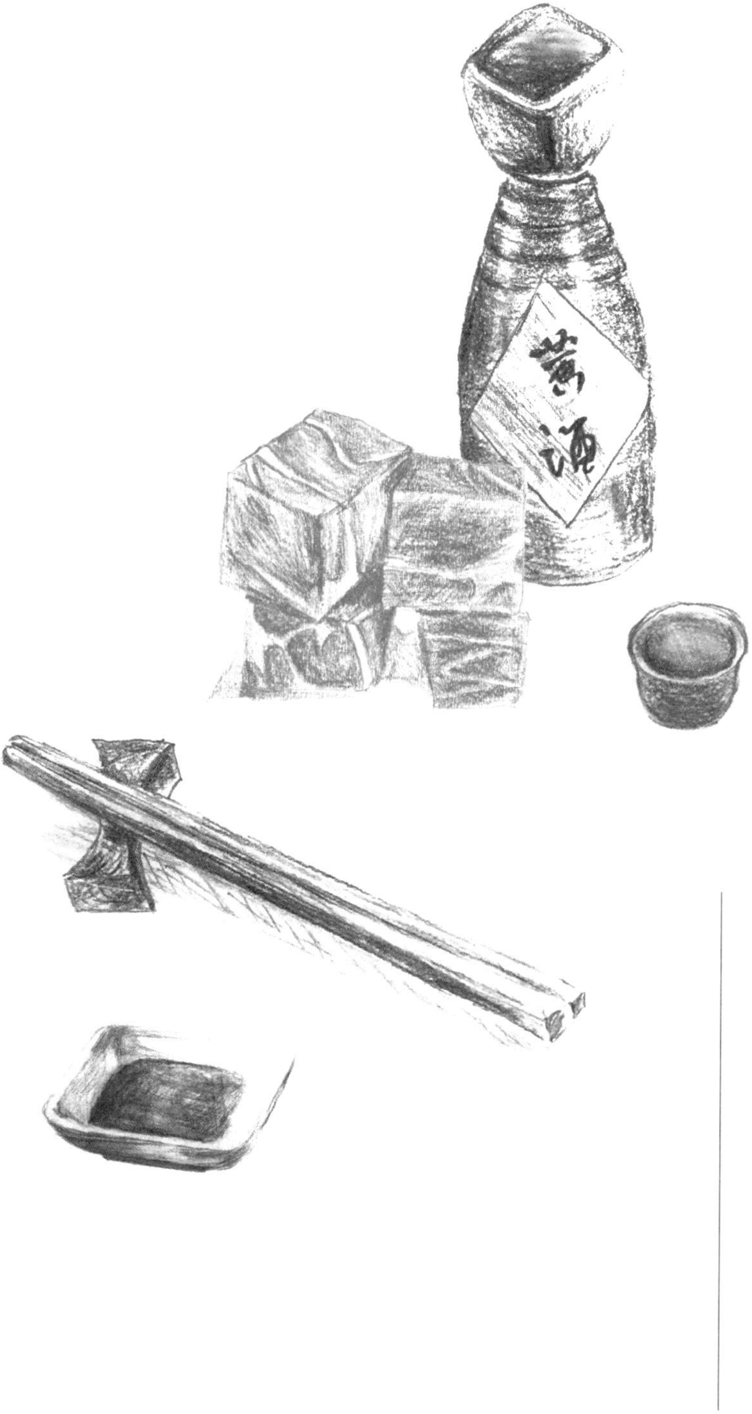

原文

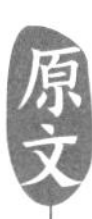

取熟羊肉斩小块，如骰子大。鸡汤煨，加笋丁、香蕈丁、山药丁同煨。

烧羊肉

把羊肉切成重五到七斤的大块，用铁叉叉起来在火上烤熟。味道的确甘美酥脆，甚至能使宋仁宗半夜三更想吃烤羊肉而睡不着觉。

皇上半夜要吃烤羊肉

《宋史·仁宗本纪》中记载这样一则故事：宋仁宗赵祯半夜肚子饿，非常想吃烤羊肉，但却犹豫不决，迟迟不肯下令。宫中的仆人一脸茫然的问道："皇上，您有什么事就吩咐吧，我们一定会照办。"宋仁宗幽默地回答说："如果我说了，那么每天必定有一只羊会被你们宰杀。"

原文

羊肉切大块，重五七斤者，铁叉火上烧之。味果甘脆，宜惹宋仁宗夜半之思也。

鹿肉

鹿肉很不容易得到。如果能得到鹿肉用来做菜，其鲜嫩的滋味远胜过獐肉。可以用烧烤的方式吃，也可以用煨炖的方式吃。

延年益寿·保健圣品

鹿全身都是宝，鹿茸、鹿胎、鹿鞭、鹿尾、鹿筋、鹿肉、鹿肉干等，既可入药又是名贵食材。《本草纲目》中也记载："鹿之一身皆益人，或煮或蒸或脯，同酒食之良。"

清朝的孝庄皇后号称是"满蒙第一美女"，而且是清代最长寿的皇后，她的秘诀就是长期食用长白山野生梅花鹿的鹿胎膏。这是御医从妊娠的梅花鹿腹中取出水胎，干燥炮制成粉，再与阿胶、龟甲、鹿茸等二十四味名贵药材，经复杂的程序熬制成的软膏，供孝庄皇后服用。乾隆皇帝也经常食用新鲜鹿肉烹饪的菜肴，咸丰皇帝喝鹿血补身体；慈禧太后每天清晨起床后，必喝鹿茸片熬制的补汤，都是为了让精力充沛，延年益寿。

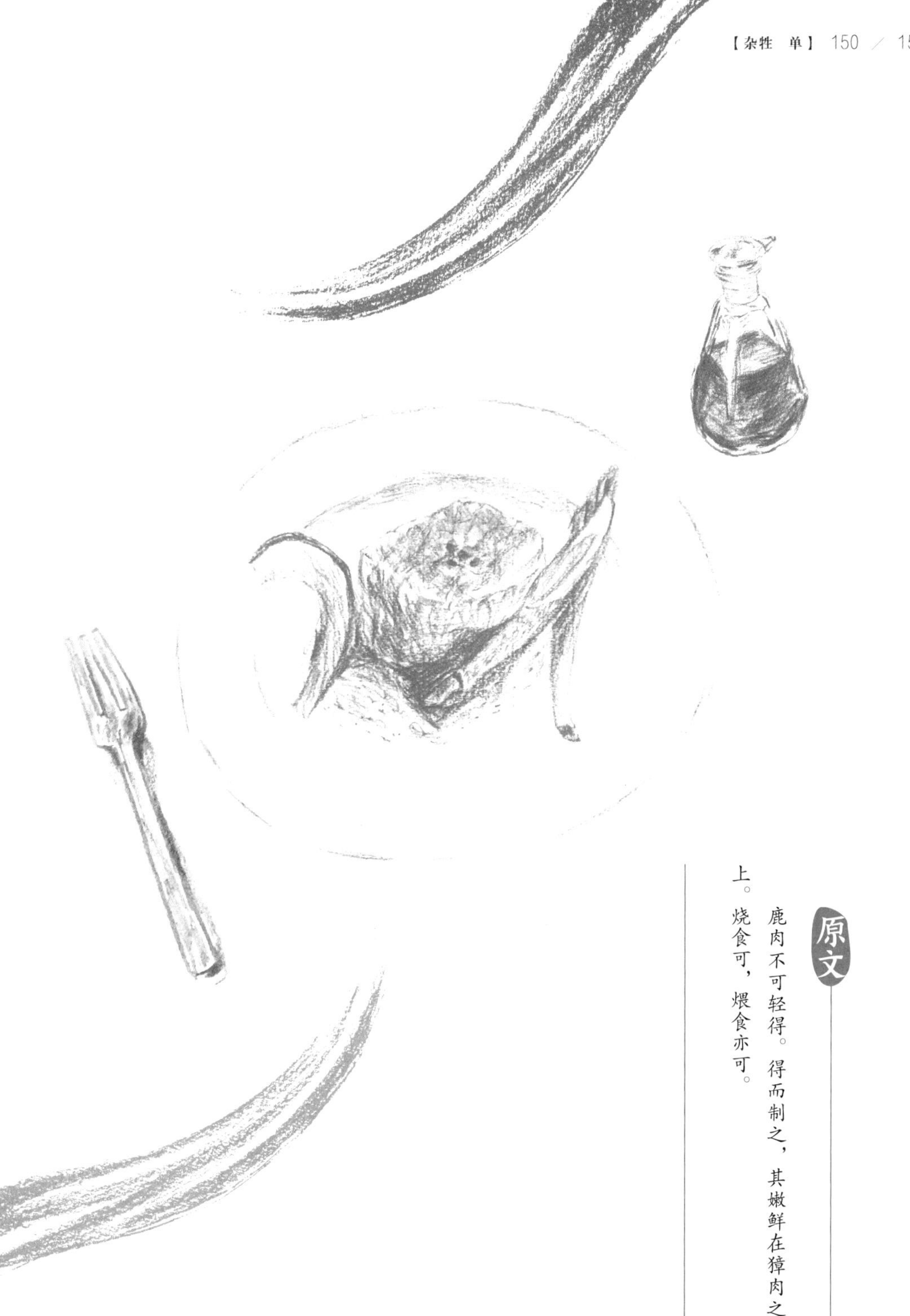

原文

鹿肉不可轻得。得而制之，其嫩鲜在獐肉之上。烧食可，煨食亦可。

◆ 鹿筋二法 ◆

鹿筋十分难以烧烂。必须提前三天先将鹿筋捶打之后再煮，并且要反复煮几次，倒掉膻腥的汤水，以去除腥味。然后加入肉汤煨炖，再用鸡汤汁慢慢煨，加入酱油、酒和少许的芡粉，将汤汁收干，不要掺杂其他的配料，自然形成白色，再装盘。如果同时用火腿、冬笋、香菇之类的作料一起慢煮，就会变成红色，这时就不必收干汤汁，起锅用碗盛起。白色的还可加些花椒细末来调味。

原文

鹿筋难烂。须三日前，先捶煮之，绞出臊水数遍，加肉汁汤煨之，再用鸡汁汤煨；加秋油、酒，芡收汤；不搀他物，便成白色，用盘盛之。如兼用火腿、冬笋、香蕈同煨，便成红色，不收汤，以碗盛之。白色者加花椒细末。

◆ 鹿　尾 ◆

尹文端公尝遍天下百味，却把鹿尾列为第一美味。但是鹿尾这种东西，南方人很难轻易买到。从北京带来的鹿尾，又苦于不够新鲜。我曾经得到一条很大的鹿尾，用菜叶包好了上蒸锅去蒸，味道果然与众不同。鹿尾最好吃的地方是鹿尾巴上的一块浓厚的脂肪。

原文

尹文端公品味，以鹿尾为第一。然南方人不能常得。从北京来者，又苦不新鲜。余尝得极大者，用菜叶包而蒸之，味果不同。其最佳处，在尾上一道浆耳。

◆ 果子狸 ◆

新鲜的果子狸肉一般是很难买得到的。腌干的果子狸，可以用甜酒酿蒸熟了，再以快刀切成片上桌。果子狸的腌肉要先用米汤浸泡一天，将其中的盐分与脏污去除干净，吃起来感觉比火腿肉更加肥嫩。

果子狸鲜者难得。其腌干者，用蜜酒酿蒸熟，快刀切片上桌。先用米泔水泡一日，去尽盐秽。较火腿觉嫩而肥。

注：根据《中华人民共和国野生动物保护法》，野生果子狸属于保护动物。

◆ 假牛乳 ◆

用鸡蛋清拌蜂蜜和酒酿，搅匀融化之后，放入蒸锅中蒸。这道菜要以细腻滑嫩为佳。火候太大就会蒸得太老，蛋清放太多也会蒸得过老。

用鸡蛋清拌蜜、酒酿，打掇入化，上锅蒸之。以嫩腻为主。火候迟便老，蛋清太多亦老。

羽族单

在食物的烹调选择中，鸡肉的烹制做法是最多的一种，许多菜肴的烹制都离不开鸡肉。这就好像善人积阴德大家却都不知道似的。因此，我将鸡排在羽族单的首位，而把其他的禽类放在鸡肉的后面。因而撰写《羽族单》。

鸡功最巨，诸菜赖之。如善人积阴德而人不知。故令领羽族之首，而以他禽附之。作《羽族单》

◆ 白片鸡 ◆

肥鸡肉片，本来就像太羹、玄酒那般都是出自原汁原味。尤其适宜在乡下、进旅店住宿，来不及烹饪食物的时候，白片鸡是最为省时方便的食物。煮的时候不要放太多的水。

肥鸡白片，自是太羹①玄酒②之味。尤宜于下乡村、入旅店，烹饪不及之时，最为省便。煮时水不可多。

注释①【太羹】指不掺杂五味的肉汁。

②【玄酒】古时候祭礼中当酒来使用的清水。

◆ 鸡　松 ◆

挑选一只肥鸡，只用两条鸡腿，去掉筋骨之后将鸡腿剁碎，不要伤及鸡皮。将蛋清、芡粉、松子仁与鸡肉一起拌匀切块。如果鸡腿肉不够用，可以添加一些鸡胸肉，也同样切成方块，然后用香油将它炸黄，起锅后放在碗内，加入半斤百花酒、一大杯酱油、一铁勺鸡油，再加入冬笋、香菇、姜、葱等作料。再将鸡骨、鸡皮盖在上面，加一大碗水，放在蒸笼里蒸透，吃的时候再把鸡骨、鸡皮去掉即可。

原文

肥鸡一只，用两腿，去筋骨剁碎，不可伤皮，用鸡蛋清、芡粉、松子肉同剁成块。如腿不敷用，添脯子肉，切成方块，用香油灼黄，起放钵头内，加百花酒半斤、秋油一大杯、鸡油一铁勺，加冬笋、香蕈、姜、葱等。将所余鸡骨皮盖面，加水一大碗，下蒸笼蒸透，临吃去之。

◆ 焦 鸡 ◆

将一只肥母鸡洗干净之后，整只放进锅中煮。将四两猪油、四个茴香加入锅中，煮到八分熟；再用滚烫的香油将鸡肉烫至金黄色，再放入原汤中熬成浓汤，然后用酱油、酒和葱将汁收干。要吃的时候再将鸡肉片碎，淋上一些原汁，或者用拌的、蘸着吃都可以。这是杨中丞他们家的做法，方辅兄他们家做得也不错。

原文

肥母鸡洗净，整下锅煮。用猪油四两、四个，煮成八分熟；再拿香油灼黄，还下原汤熬浓，用秋油、酒、整葱收起。临上片碎，并将原卤浇之，或拌蘸亦可。此杨中丞家法也。方辅兄家亦好。

◆ 炒鸡片 ◆

将鸡胸肉去皮，切成薄片。用豆粉、麻油、酱油拌一拌，再用芡粉调匀，然后加入蛋清再拌一拌。等到要下锅之前，加上酱油、姜和葱花。记得要用烧得很旺的大火来炒。炒一份不要超过四两的分量，这样才能让灶火烧透鸡肉片。

原文

用鸡胸肉去皮，斩成薄片。用豆粉、麻油、秋油拌之，芡粉调之，鸡蛋清拌。临下锅加酱、瓜姜、葱花末。须用极旺之火炒。一盘不过四两，火气才透。

◆ 鸡 肝 ◆

用酒和醋爆炒鸡肝，炒得越嫩越好吃。

原文

用酒、醋喷炒，以嫩为贵。

生炮鸡

把小雏鸡切成小方块，用酱油和酒拌匀，到要吃的时候，放进烧滚的油当中过油炸一下，起锅之后再放回油锅中炸一次，连续炸三次之后盛出来，再用醋、酒、芡粉和葱花撒在上面。

千万别让鸡知道

袁枚有一首关于《鸡》的诗："养鸡纵鸡食，鸡肥乃烹之。主人计固佳，不可与鸡知。"讽刺人们把鸡养肥了，就是为了要杀了它煮来吃，这么奸诈的事情，可千万别让鸡知道了。虽然这首诗只有短短二十个字，却十分幽默诙谐，让人忍不住想笑。

原文

小雏鸡斩小方块，秋油、酒拌，临吃时拿起，放滚油内灼之，起锅又灼，连灼三回，盛起，用醋、酒、粉纤、葱花喷之。

鸡粥

挑选一只肥母鸡，用刀取出两面的鸡胸肉，然后去皮刮细，或用刨刀也行；但只能用刮的或者用刨的，不可以用刀切，如果用刀切，鸡肉的口感便不细致了。再用剩下的鸡架来熬汤。吃的时候准备一些细米粉、火腿屑、松子肉，并将这些食物拍碎之后放进鸡汤内。起锅时加入葱、姜，浇上鸡油。至于是去渣还是留渣都可以。鸡粥适合老人家吃。一般将鸡肉切碎的话就必须要去渣，用刮或用刨的就不用去渣了。

和苏轼一起喝粥去

苏轼是个老饕，它不仅擅长烹制“东坡肉”，也很喜爱喝粥。他在给朋友的书帖中说：“夜甚，吴子野劝食白粥，云能推陈致新，利膈益胃。粥既快美，粥后一觉，妙不可言。”这是指，苏轼喝了掺入无锡贡米熬煮的豆浆粥之后，把喝粥捧上了天。他在最穷困潦倒的时候“五日不见花猪肉，十日一遇黄鸡粥”，甚至在天刚刚亮的时候，闻到别人家里的粥熟了，就想要去吃，因此他说：“我老此身无着处，卖书来问东家住。卧听鸡鸣粥熟时，蓬头曳履君家去。”

原文

肥母鸡一只，用刀将两脯肉去皮细刮，或用刨刀亦可；只可刮刨，不可斩，斩之便不腻矣。再用余鸡熬汤下之。吃时加细米粉、火腿屑、松子肉，共敲碎放汤内。起锅时放葱、姜，浇鸡油，或去渣，或存渣俱可。宜于老人。大概斩碎者去渣，刮刨者不去渣。

捶鸡

将整只鸡宰杀之后捶碎，加入适量的酱油和酒去煨煮。南京太守高南昌家做的这道菜味道最好。

有功劳的鸡

清朝时李渔的《闲情偶寄》中记载着："鸡亦有功之物，而不讳其死者，以功较牛、犬为稍杀。天之晓也，报亦明，不报亦明，不似吠亩、盗贼，非牛不耕，非犬之吠则不觉也。然较鹅、鸭二物，则淮阴羞伍绛、灌矣。烹饪之刑，似宜稍宽于鹅鸭。鸡之有卵者弗食，重不至斤外者弗食，即不能寿之，亦不当过夭之耳。"

依照李渔的说法，鸡也算有功劳的动物，却也难逃一死，因为鸡的功劳不如牛和狗。不像牛会耕田、狗能防盗，就算是鸡不报晓，太阳依旧升起，然而和鹅、鸭相比，鸡还是要略高一筹的。所以对鸡施加烹饪的酷刑，也要比鸭、鹅要轻一点，花样不会太多。另外，产蛋的鸡与不到一斤的鸡千万不要吃，以免让这些鸡太早夭折了。

原文

将整鸡捶碎，秋油、酒煮之。南京高南昌太守家制之最精。

◆ 酱　鸡 ◆

挑选活鸡一只，宰杀干净之后用酱油浸泡一天一夜，捞起来风干即可。这是一道寒冬里的时令菜肴。

生鸡一只，用清酱浸一昼夜而风干之。此三冬菜也。

◆ 鸡　丝 ◆

把熟鸡肉撕成鸡丝，用酱油、芥末、醋拌着吃，这是一道杭州菜。加入笋子、芹菜作配菜都可以，用笋丝、酱油、酒炒鸡丝也可以。拌着吃的要用熟鸡肉，炒着吃就要用生鸡肉。

原文

拆鸡为丝，秋油、芥末、醋拌之。此杭州菜也。加笋加芹俱可。用笋丝、秋油、酒炒之亦可。拌者用熟鸡，炒者用生鸡。

◆ 鸡　丁 ◆

把鸡胸肉切成骰子形状的小块，放入冷油中爆炒。加上酱油、酒收汁之后起锅；再加入荸荠丁、笋丁、香菇丁拌炒一下，直到汤呈现黑色时最好吃。

原文

取鸡脯子，切骰子小块，入滚油炮炒之，用秋油、酒收起；加荸荠丁、笋丁、香蕈丁拌之，汤以黑色为佳。

◆ 鸡 圆 ◆

把鸡胸肉剁成肉酱做成鸡肉丸子，大小就像酒杯一般，鲜嫩的滋味就跟虾丸一样。扬州臧八太爷家做的这道菜最精致好吃。方法是用猪油、萝卜、芡粉揉捏碎鸡肉而成，里面不需要再放任何馅料。

原文

斩鸡脯子肉为圆，如酒杯大，鲜嫩如虾圆。扬州臧八太爷家制之最精。法用猪油、萝卜、芡粉揉成，不可放馅。

◆ 蘑菇煨鸡 ◆

选蘑菇四两，用开水泡发去掉砂子，然后用冷水漂洗，并用牙刷刷洗干净，再用清水漂四遍。用二两菜油将它炸透，加入酒腌制。将鸡剁成块放进锅内煮沸，撇去浮沫，放入甜酒、酱油，煮到八分熟时，再加入准备好的蘑菇，继续煨煮到熟透之后，加入笋、葱、花椒后再起锅。不用放水，只要加进三钱的冰糖即可。

原文

口蘑菇四两，开水泡去砂，用冷水漂，牙刷擦，再用清水漂四次，用菜油二两炮透，加酒喷。将鸡斩块放锅内滚，去沫，下甜酒、清酱，煨八分功程，下蘑菇，再煨二分功程，加笋、葱、椒起锅，不用水，加冰糖三钱。

◆ 鸡 血 ◆

鸡血凝固之后切成条，加入鸡汤、酱油、醋、芡粉做成羹汤，适合老人食用。

原文

取鸡血为条，加鸡汤、酱、醋、芡粉作羹，宜于老人。

◆ 梨炒鸡 ◆

将小鸡的胸脯肉切成片，先将三两的猪油熬热，放入鸡肉片炒三四次，加入一瓢麻油，芡粉、盐、姜汁、花椒碎末各一茶匙，再放入雪梨薄片和小块香菇，炒三至四次之后起锅，最好用五寸的盘子来盛。

取雏鸡胸肉切片，先用猪油三两熬熟，炒三四次，加麻油一瓢，芡粉、盐花、姜汁、花椒末各一茶匙，再加雪梨薄片、香蕈小块，炒三四次起锅，盛五寸盘。

◆ 假野鸡卷 ◆

将鸡胸肉切碎，加入一个鸡蛋，调一点酱油腌制一下，再将网油切碎，把鸡肉包进网油里，放到油里面将它炸透，再加点酱油、酒调味，放入香菇、木耳，起锅之前加一小撮糖即可。

将脯子斩碎，用鸡子一个，调清酱郁之，将网油划碎，分包小包，油里炮透，再加清酱、酒作料，香蕈、木耳，起锅加糖一撮。

◆ 鸡　肾 ◆

挑选鸡肾三十个，炖煮至微熟，去掉外皮，用鸡汤加上适量的作料煨熟。那味道鲜嫩无比。

取鸡肾三十个，煮微熟，去皮，用鸡汤加作料煨之。鲜嫩绝伦。

◆ 黄芽菜炒鸡 ◆

将鸡肉切块，起油锅，放入鸡肉炒透，加一点酒翻炒个二三十次，加入酱油之后再炒个二三十次，然后加水煮开。将黄芽菜切块，等到鸡肉七分熟的时候，将菜下锅一起煮，再煮至鸡肉熟透，加入糖、葱等各种作料。要注意的是，黄芽菜要另外炒熟才能用，每只鸡只需用四两油。

原文

将鸡切块，起油锅生炒透，酒滚二三十次，加秋油后滚二三十次，下水滚，将菜切块，俟鸡有七分熟，将菜下锅；再滚三分，加糖、葱各料。其菜要另滚熟才用。每一只用油四两。

◆ 灼八块 ◆

挑选一只嫩鸡，剁成八块。放进热油中炸透，再将油沥干，加入一杯酱油、半斤酒，炖熟之后便可以起锅。炖时不要加水，要用大火来炖煮。

原文

嫩鸡一只，斩八块，滚油炮透，去油，加清酱一杯、酒半斤，煨熟便起，不用水，用武火。

◆ 珍珠团 ◆

将熟的鸡胸肉切成黄豆大小的小块，再用酱油和酒一起拌匀，放到干面粉里沾滚均匀，然后放入锅中炒。炒的时候要用素油。

原文

熟鸡脯子切黄豆大块，清酱、酒拌匀，用干面滚满，入锅炒。炒用素油。

栗子炒鸡

将鸡肉切成块，用二两菜油将鸡肉炸透，然后加入一碗酒、一小杯酱油，再加一碗水，煨煮到七分熟；将事先煮熟的栗子和笋一起下锅煨煮，直到鸡肉熟透后就可以起锅，起锅前加上一小撮白糖。

栗子的食疗作用

栗子，又称板栗，果实可食，可入菜也可入药，素有“天之良果”“东方珍珠”的美誉。西晋陆机为《诗经》作注解时说：“栗，五方皆有，惟渔阳范阳生者甜美味长，地方不及也。”苏轼的弟弟苏辙也有一首《服栗》诗：“老去自添腰脚病，山翁服栗旧传方。”南宋的陆游，也有以栗子作为食疗的诗：“齿根浮动欲我衰，山栗炮燔疗食肌。唤起少年京辇梦，和宁门外早朝时。”可见得栗子一直以来都是滋补身体的食物。

原文

鸡斩块，用菜油二两炮，加酒一饭碗，秋油一小杯，水一饭碗，煨七分熟；先将栗子煮熟，同笋下之，再煨三分，起锅下糖一撮。

◆ 卤 鸡 ◆

挑选一整只鸡，宰杀之后洗干净，在鸡肚子里塞入三十根葱、二钱茴香，将一斤酒、一小杯半酱油，放入锅内煮一炷香的时间，再加入一斤水、二两猪油，一起慢慢炖煮；等到鸡肉熟透了，再把油脂沥出来。水要用开水，等浓稠的汤汁收到只剩下一碗时，才可以将鸡取出来。将整只鸡拆碎，或用薄刀切成片，仍用原汤拌着吃。

原文

囫囵鸡一只，肚内塞葱三十条、茴香二钱，用酒一斤。秋油一小杯半，先滚一枝香，加水一斤、脂油二两，一齐同煨；待鸡熟，取出脂油。水要用熟水，收浓卤一饭碗才取起；或拆碎，或薄刀片之，仍以原卤拌食。

◆ 蒋 鸡 ◆

选童子鸡一只，用四钱盐、一匙酱油、半茶杯老酒、三大片姜和鸡一起放到砂锅内，隔着水蒸烂，去掉骨头，不需加水。这是蒋御史家的做法。

原文

童子鸡一只，用盐四钱、酱油一匙、老酒半茶杯、姜三大片，放砂锅内，隔水蒸烂，去骨，不用水。蒋御史家法也。

◆ 烧 鹅 ◆

杭州烧鹅，常常被人取笑，因为烧得半生不熟，不如家中的厨子烧得好。

原文

杭州烧鹅为人所笑，以其生也。不如家厨自烧为妙。

唐　鸡

挑选一只鸡，二斤的、三斤的都可以。如果挑选的是两斤重的鸡，就用一碗酒，三饭碗水；如果挑选的是三斤重的鸡，就要等比例适当添加作料。先将鸡切成块，再把二两菜油滚热将鸡爆炒到透。然后用酒煮一二十滚，加水再煮开约二三百滚，此时加入一酒杯酱油，起锅时加入一钱白糖。这是唐静涵家的做法。

原文

鸡一只，或二斤，或三斤，如用二斤者，用酒一饭碗、水三饭碗；用三斤者，酌添。先将鸡切块，用菜油二两，候滚熟，爆鸡要透；先用酒滚一二十滚，再水煮约二三百滚；用秋油一酒杯；起锅时加白糖一钱。唐静涵家法也。

赤炖肉鸡

赤炖肉鸡的做法是先把鸡洗切干净，每一斤鸡肉需使用十二两好酒、二钱五分盐、四钱冰糖，加入适量桂皮，一起放入砂锅中，用小炭火去煨炖。如果酒快烧干但鸡肉还没有熟烂，可以按每斤鸡肉加一茶杯清水的比例，酌情加入。

原文

赤炖肉鸡，洗切净，每一斤用好酒十二两、盐二钱五分、冰糖四钱，研酌加桂皮，同入砂锅中，文炭火煨之。倘酒将干，鸡肉尚未烂，每斤酌加清开水一茶杯。

黄芪蒸鸡治瘵

挑选一只没下过蛋的童子鸡，现杀之后不要沾水，取出内脏，塞入黄芪一两，架上筷子放在锅子里蒸，锅盖四周要封严，鸡肉蒸熟之后取出来，留下来的汤汁又浓又鲜，可以用来帮助治疗体弱等症状。

养身圣品——黄芪

黄芪，又称北芪、黄耆，是常用的中药材，入药已有两千多年的历史。主要产自内蒙古、山西和黑龙江等地，通常在春秋两季采挖。黄芪食用方便，可以煎汤、浸酒。能有效促进代谢、抗疲劳、促进血清和肝脏蛋白质的更新；有明显的利尿作用；能改善贫血现象；有助于维持血糖稳定；能增强免疫功能，提高抗病能力；对流感病毒等多种病毒所导致的细胞病变，有抑制作用与抗菌作用。因此一直以来都被视为是养身的佳品。

原文

取童鸡未曾生蛋者杀之，不见水，取出肚脏，塞黄芪一两，架箸放锅内蒸之，四面封口，熟时取出。卤浓而鲜，可瘵①弱症。

注释①【瘵】病，多指肺结核。

鸡蛋

将鸡蛋去壳放入碗中，用竹筷子尽可能地搅拌均匀后，放入蒸锅中蒸，口感非常嫩。蛋类一煮就老，但煮久了反而变得很嫩。加入茶叶煮蛋，时间以两炷香为准。煮一百颗鸡蛋需要用一两盐，煮五十颗鸡蛋则用五钱盐。加酱油去煨也可以。其他或煎或炒都可以。与剁碎的黄雀肉一起蒸，也很好吃。

鸡蛋也有传说

鸡蛋富含蛋白质、胆固醇，易为人体吸收，利用率高达98%以上。世界各地都有关于鸡蛋的习俗：在土耳其，鸡蛋是生育的象征，不结婚的姑娘一辈子都不吃鸡蛋；在法国的一个小村庄里，新娘会把鸡蛋放在衣服中，步入洞房时，故意让鸡蛋掉出来，用来表示自己有生育能力；在塞尔维亚鸡蛋是爱情的象征，如果男人不吃女人送的鸡蛋，就说明了这个男人不爱她。

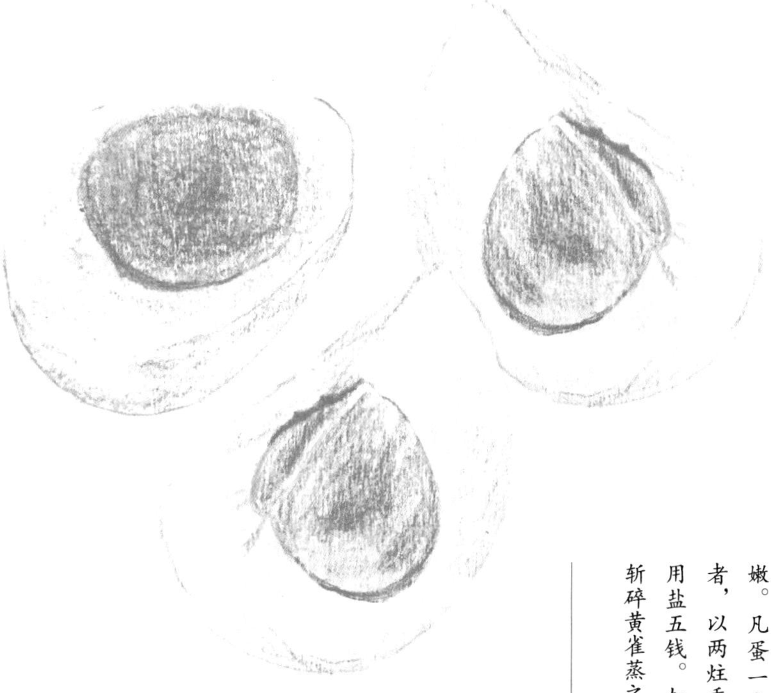

原文

鸡蛋去壳放碗中，将竹箸打一千回蒸之，绝嫩。凡蛋一煮而老，一千煮而反嫩。加茶叶煮者，以两炷香为度。蛋一百，用盐一两；五十，用盐五钱。加酱煨亦可。其他则或煎或炒俱可。斩碎黄雀蒸之亦佳。

野鸡五法

将野鸡的鸡胸肉用刀片下来，再用酱油腌过，用网油包好放在铁片上烧烤。可以包成方形，也可以包成肉卷，这是一种烹制方法。将鸡胸肉切片加上作料炒，也是一种烹制方法。或者将鸡胸肉切成鸡丁去炒，又是另外一种烹制法。也可以用烹制家鸡的办法，将整只野鸡煨煮，又是一种烹制法。野鸡胸肉先用油浇灼后，再切成丝，加上料酒、酱油、醋，和芹菜一起凉拌，又是一种吃法。或者将野鸡胸肉切成薄片，放入火锅中，涮过之后马上吃，也是一种吃法。但这种吃法唯一的缺点是肉嫩但不够入味，若要煮到入味，肉质又变得太老。

滋补良方

野鸡也叫雉，自古以来就是滋补良方。屈原在《天问》中记载说，烹饪祖师爷——彭祖，曾经亲手烹制了一碗野鸡与稷米同煮而成的“雉羹”献给尧帝，治好了尧帝的重病。唐代《食医心镜》中也有野鸡入药的记录，说：“治消渴饮水无度，小便多，口干渴。雉一只，细切，和盐，鼓作羹食。”

而清朝皇帝更在每年的“秋祭大典”中，都要赐诸王公大臣一碗“野鸡汤”喝。百官都以能够尝到皇帝喝剩下的野鸡汤为光荣。相传乾隆皇帝下江南，喝到野鸡汤之后惊为人间美味，说道：“名震塞北三千里，味压江南十二楼”，并且把野鸡封为“野味之王”。

野鸡披胸肉，清酱郁过，以网油包，放铁奁上烧之。作方片可，作卷子亦可，此一法也。切片加作料炒，一法也。取胸肉作丁，一法也。当家鸡整煨，一法也。先用油灼拆丝，加酒、秋油、醋，同芹菜冷拌，一法也。生片其肉，入火锅中，登时便吃，亦一法也。其弊在肉嫩则味不入，味入则肉又老。

◆ 鸽　蛋 ◆

煨制鸽蛋的方法与煨制鸡肾的方法是一样的。或者用煎的也可以，稍微加点醋也不错。

煨鸽蛋法与煨鸡肾同。或煎食亦可，加微醋亦可。

◆ 野　鸭 ◆

将野鸭肉切成厚片，再用酱油腌制过，以两片雪梨夹住鸭片去煎炒。苏州包道台家所烹制的这道菜最好吃，但现在已经失传了。用蒸家鸭的方法去蒸野鸭也可以。

野鸭切厚片，秋油郁过，用两片雪梨夹住炮炒之。苏州包道台家制法最精，今失传矣。用蒸家鸭法蒸之，亦可。

◆ 蒸　鸭 ◆

把肥鸭宰杀之后去掉骨头，再将一酒杯糯米、火腿丁、大头菜丁、香菇、笋丁、酱油、酒、小磨麻油、葱花，全部放进鸭肚里面，装进盘子里，浇淋上鸡汤，隔水蒸透。这是真定魏太守家的烹制方法。

原文

生肥鸭去骨，内用糯米一酒杯，火腿丁、大头菜丁、香蕈、笋丁、秋油、酒、小磨麻油、葱花，俱灌鸭肚内，外用鸡汤放盘中，隔水蒸透。此真定魏太守家法也。

鸭糊涂

将肥鸭用白水煮至八分熟，冷却之后除掉鸭骨头，切成自然的不方不圆的块状，放入原汤内煨煮，再加入三钱盐、半斤酒，将山药捶碎，一起下锅作芡。等到鸭肉快要煨烂时，再加入姜末、香菇、葱花。如果想喝浓汤，可以放入芡粉勾芡。用芋头代替山药也很好吃。

原文

用肥鸭，白煮八分熟，冷定去骨，拆成天然不方不圆之块，下原汤内煨，加盐三钱、酒半斤，捶碎山药，同下锅作纤，临煨烂时，再加姜末、香蕈、葱花。如要浓汤，加放粉纤。以芋代山药亦妙。

卤鸭

不用水，而是用酒去煮鸭子，熟透后去掉鸭骨头，加入作料食用。这是高要令杨公家的烹制方法。

原文

不用水，用酒，煮鸭去骨，加作料食之。高要[1]令杨公家法也。

注释①【高要】位于广东中部偏西、西江中下游的地区。

烧鸭

挑选小鸭，用叉子叉好用火去烤，这道菜冯观察家的厨子最会做。

用雏鸭上叉烧之。冯观察家厨最精。

鸽子

鸽子与上等的火腿一起煨煮，味道很美味。不用火腿也可以。

凤还巢

苏州有一道历史名菜“凤还巢”，这是大户人家女儿回门时一定要吃的菜肴。吃饭的时候趁着把酒言欢时，岳丈必定要嘱托女婿好好照顾自己的女儿，算是当时的一种礼俗。而“凤还巢”便是用鸽子连汤带肉焖炖烹制的佳肴。

原文

鸽子加好火腿同煨，甚佳。不用火腿亦可。

鸭　脯

把肥鸭斩成大方块，加入半斤酒、一杯酱油，放入笋、香菇、葱花一起闷烧，等到卤汁收干之后就可以起锅。

用肥鸭，斩大方块，用酒半斤、秋油一杯、笋、香蕈、葱花闷之，收卤起锅。

蒸小鸡

挑选一只小雏鸡，放在盘子里，加上酱油、甜酒、香菇和笋丁，一起放在饭锅里蒸熟即可。

用小雏鸡，整放盘中，加秋油、甜酒、香蕈、笋尖，饭锅上蒸之。

煨鹩鹑、黄雀

鹩鹑以江苏六合所生产的为最好，有现成制作好的。黄雀用苏州糟加蜜和酒一起煨烂，用煨麻雀的方式，放入作料烹制。苏州沈观察家所烹制的煨黄雀，骨头酥烂如泥，不知道究竟是用什么方法烹制的。他家的炒鱼片也很好吃，他家的厨子技艺十分精湛，堪称是全苏州第一名厨。

鹩鹑用六合来者最佳。有现成制好者。黄雀用苏州糟加蜜、酒煨烂，下作料与煨麻雀同。苏州沈观察煨黄雀，并骨如泥，不知作何制法。炒鱼片亦精。其厨馔之精，合吴门推为第一。

◆ 干蒸鸭 ◆

杭州商人何星举家的干蒸鸭的做法是：将一只肥鸭洗干净之后剁成八块，加入甜酒、酱油，淹满鸭面，再放进瓷罐中封好，放到干锅中去蒸；用小炭火蒸煮，不放水。上桌之前，要确保鸭肉酥烂如泥。这道菜蒸制的时间，大约是烧两枝线香的时间。

原文

杭州商人何星举家干蒸鸭。将肥鸭一只洗净斩八块，加甜酒、秋油，淹满鸭面，放磁罐中封好，置干锅中蒸之；用文炭火，不用水，临上时，其精肉皆烂如泥。以线香二枝为度。

◆ 野鸭团 ◆

将野鸭的胸前肉片下来剁细，放入猪油和一点芡粉，调匀之后揉成团，放进鸡汤中煮。或者就用煮鸭的汤也可以。太兴孔亲家烹制的这道菜很精致。

细斩野鸭胸前肉，加猪油微纤，调揉成团，入鸡汤滚之。或用本鸭汤亦佳。大兴孔亲家制之甚精。

◆ 挂卤鸭 ◆

把葱塞入鸭肚子里，将锅盖盖得严密之后再闷烧。最精通这道菜的是水西门许店。普通人家做不了。此鸭有黄、黑两种颜色，黄的更好吃。

塞葱鸭腹，盖闷而烧。水西门许店最精。家中不能作。有黄、黑二色，黄者更妙。

徐鸭

挑选一只大而肥美的鸭，用十二两百花酒、一两二钱青盐、一汤碗开水冲化之后去除渣沫，再换七饭碗冷水，另外加重约一两的四厚片鲜姜，一起放进大瓦盖钵里，用皮纸封紧钵口，再用大火笼、烧透约两文钱一个的大炭吉十五个；外面用一个套包将火笼严实的罩住，不要让它走气。如果是从早餐时开始炖，到了晚上才能炖好。时间短了鸭肉炖不透，味道便不好吃了。等到炭吉烧透之后，不适合再更换瓦钵，也不能预先打开来看。熟鸭剖开之后，用清水洗干净，再用洁净无浆的布擦干鸭体才能放入瓦钵中。

顶大鲜鸭一只，用百花酒十二两、青盐一两二钱、滚水一汤碗，冲化去渣沫，再兑冷水七饭碗，鲜姜四厚片，约重一两，同入大瓦盖钵内，将皮纸[①]封固口，用大火笼烧透。大炭吉[②]三元（约二文一个）；外用套包一个，将火笼罩定，不可令其走气。约早点时炖起，至晚方好。速则恐其不透，味便不佳矣。其炭吉烧透后，不宜更换瓦钵，亦不宜预先开看。鸭破开时，将清水洗后，用洁净无浆布拭干入钵。

注释①【皮纸】用桑树皮制成的一种坚韧的纸。

②【炭吉】古时候烧火取暖用的一种燃料。

煨麻雀

挑选五十只麻雀，放入酱油、甜酒一起煨煮，煨熟之后去掉脚爪，只选用雀胸和头，连汤一起放入盘中，吃起来味道异常鲜美。其他的飞禽类可以用相同的方式来烧制。但活的鸟雀一般很难买到。薛生白经常劝人们："不要吃人间豢养的动物"，那是因为野禽的味道更加鲜美，而且容易消化。

性情中人薛生白

薛生白，原名薛白，字生白，康乾年间的文人，在当时颇具诗名，擅长画兰花，也懂医术。袁枚和薛生白的交情很好。《随园诗话》中记载着，他们二人除了经常相互请客吃饭外，有一次袁枚生病了，薛生白急急忙忙跑去帮他看病的情景："我住城东君住西，信来已过午时鸡。肩舆不惜冲泥去，雨雨风风十里堤。"一般王公贵卿请都请不动的薛生白，一听袁枚病了，冒雨也要去给袁枚看病；薛生白去世后，袁枚还写过一篇文章来纪念他，可见得二人的交情不一般，绝非酒肉朋友。

原文

取麻雀五十只，以清酱、甜酒煨之，熟后去爪脚，单取雀胸、头肉，连汤放盘中，甘鲜异常。其他鸟鹊俱可类推。但鲜者一时难得。薛生白常劝人：『勿食人间豢养之物。』以野禽味鲜，且易消化。

云林鹅

元朝倪瓒所着的《云林集》当中，记载了烹制鹅的方法：挑选一整只鹅，洗干净之后，用三钱盐搓遍鹅的肚子，然后在鹅的肚子里塞进一大把葱，再用蜂蜜与酒调拌均匀之后涂抹在鹅的全身。锅里放一大碗酒和一大碗水，用竹筷将鹅架好之后开始蒸，不要让鹅接触到水。炉灶里用两捆山茅慢慢地烧，直到柴烧尽为止，不要去挑动它。等到锅盖凉了之后，再将锅盖揭开，将鹅翻个身，盖好锅盖再蒸一次，同样用山茅一捆，直到烧完为止。要等到柴火自然熄灭，不可翻动柴草。锅盖要用绵纸来糊封，如果有干燥的裂缝处，就用水将它润湿。起锅时，不但鹅熟烂如泥，汤也十分鲜美。用这种方法来烧制鸭，味道也同样鲜美。每捆山茅柴重一斤八两。搓盐时，盐中要掺入葱花和胡椒粉，并且用酒调匀。《云林集》中记载的食物很多，只有烧鹅这个方法，试过之后很有效，其余的都有些牵强附会。

倪瓒

倪瓒（1301—1374年），字元镇，号云林，江苏无锡人。是元代的诗人、画家、书法家及茶人，位列“元四家”之首，也是元代南宗山水画的代表人物。倪瓒隐居于太湖，家中有一座云林堂，著有菜谱《云林堂饮食制度集》，收录了元代无锡地区五十多种著名的菜肴，他发明的“云林鹅”被袁枚推崇，现在已经成为无锡的名菜之一。

原文

《倪云林集》中，载制鹅法。整鹅一只，洗净后，用盐三钱擦其腹内，塞葱一帚，填实其中，外将蜜拌酒通身满涂之，锅中一大碗酒、一大碗水蒸之，用竹箸架之，不使鹅身近水。灶内用山茅二束，缓缓烧尽为度。俟锅盖冷后，揭开锅盖，将鹅翻身，仍将锅盖封好蒸之，再用茅柴一束，烧尽为度；柴俟其自尽，不可挑拨。锅盖用绵纸糊封，逼燥裂缝，以水润之。起锅时，不但鹅烂如泥，汤亦鲜美。以此法制鸭，味美亦同。每茅柴一束，重一斤八两。擦盐时，搀入葱、椒末子，以酒和匀。《云林集》中，载食品甚多；只此一法，试之颇效，余俱附会。

水族有鳞单

鱼都要去鳞，只有鲥鱼是不用去鳞的。我认为鱼必须有鱼鳞形状才算完整，因此而撰写《水族有鳞单》。

鱼皆去鳞，惟鲥鱼不去。我道有鳞而鱼形始全。作《水族有鳞单》。

鱼鳞有哪些功效

人们在烹饪鱼时通常都会将鱼鳞刮除丢弃，十分可惜，因为鱼鳞是一种营养价值极高的圣品，具有多种营养素及医疗保健作用。早在汉朝就有中医取鲫鱼、鲤鱼的鳞片，用小火熬制成胶冻，用来治疗妇科疾病和牙齿出血等病症。

科学证实，鱼鳞含有较多的卵磷脂、多种不饱和脂肪酸，还含有多种矿物质、微量元素和胶质，其中尤以钙、磷的含量最高，是保健佳品，可以增强记忆力、延缓脑细胞衰老，减少胆固醇的沉积、促进血液循环、预防高血压及心脏病、增强自身免疫力等。此外，鱼鳞富含胶原成分，可以延缓皮肤衰老，还能预防骨质疏松等。

◆ 边　鱼 ◆

烹饪边鱼要用活鱼，加入酒和酱油去蒸，以蒸成白玉色为准。如果蒸到呆滞的白色，那么鱼肉就会变老，而且味道也会变。蒸鱼时必须将鱼盖好，不可让鱼沾到锅盖上滴下来的水蒸气。起锅之前加入香菇、笋尖。边鱼也可以用酒来煎，味道很好。用酒而不用水，号称“假鲥鱼”。

原文

边鱼活者，加酒、秋油蒸之。玉色为度。一作呆白色，则肉老而味变矣。并须盖好，不可受锅盖上之水气。临起加香蕈、笋尖。或用酒煎亦佳。用酒不用水，号“假鲥鱼”。

◆ 白　鱼 ◆

白鱼的肉最细嫩，以糟鲥鱼和白鱼一起蒸，味道最好。在冬天的时候，可以将白鱼稍微腌制一下，加一些酒酿的渣滓腌两天，也很好吃。我曾经在江里网到过活的白鱼，用酒蒸来吃，好吃得不得了。糟白鱼最好吃，只是不可以腌太久，否则鱼肉就枯柴了。

原文

白鱼肉最细。用糟鲥鱼同蒸之，最佳。或冬日微腌，加酒酿糟二日，亦佳。余在江中得网起活者，用酒蒸食，美不可言。糟之最佳，不可太久，久则肉木矣。

◆ 鲫 鱼 ◆

烹制鲫鱼首先要会买鱼。挑选鱼的身体扁而且带点白色的，它的肉质鲜嫩松软，熟了之后提起鱼尾，鱼肉很快就能离骨脱落。黑脊背而身形浑圆的鲫鱼，肉质僵硬而且鱼刺很多，是鲫鱼中的劣品，绝对不可拿来食用。按照边鱼的蒸法来蒸鲫鱼是最佳的选择。其次油煎鲫鱼也很好吃。把鲫鱼肉剃下可以用来做鱼羹。南通人会将鲫鱼拿来炖煮，将鱼骨、鱼尾都炖得酥酥的，号称“酥鱼”，最适合小孩吃。但总是不如蒸着吃容易保存鱼的真正鲜味。六合龙池产的鲫鱼，越大的鱼越嫩，真是令人称奇。蒸的时候要用酒，不要用水，稍微放点糖可以提鲜。根据鲫鱼的大小，可以酌量加一点酱油和酒。

鲫鱼先要善买。择其扁身而带白色者，其肉嫩而松；熟后一提，肉即卸骨而下。黑脊浑身者，倔强磋丫，鱼中之喇子[1]也，断不可食。照边鱼蒸法最佳。其次煎吃亦妙。拆肉下可以作羹。通州[2]人能煨之，骨尾俱酥，号“酥鱼”，利小儿食。然总不如蒸食之得真味也。六合龙池出者，愈大愈嫩，亦奇。蒸时用酒不用水，稍稍用糖以起其鲜。以鱼之小大，酌量秋油、酒之多寡。

注释①【喇子】流氓、无赖的意思。
②【通州】今江苏南通。

◆ 季 鱼 ◆

鳜鱼的骨刺很少，用来炒鱼片最好吃。炒鱼片时，鱼片切得越薄越好。先用酱油细细的腌制一下，再用芡粉、蛋清来调拌，入油锅炒时，加入作料一起炒。油要用素油。

季鱼[1]少骨，炒片最佳。炒者以片薄为贵。用秋油细郁后，用纤粉、蛋清搂之，入油锅炒，加作料炒之。油用素油。

注释①【季鱼】即鳜鱼。

土步鱼

杭州人把土步鱼当成鱼中上品。而南京人则很轻视这种鱼，认为土步鱼是“虎头蛇”，真是让人发笑。土步鱼的肉最松嫩。煎、煮、蒸都可以。加一些腌芥菜做成汤品，或制成鱼羹，味道特别鲜美。

杭州以土步鱼为上品。而金陵人贱之，目为虎头蛇，可发一笑。肉最松嫩。煎之、煮之、蒸之俱可。加腌芥作汤、作羹尤鲜。

鱼　松

将青鱼、草鱼蒸熟之后，把鱼肉剃下来，放到油锅中炸至金黄色，然后加入适量的细盐、葱、花椒、嫩姜。冬天封在瓶子里，可以保存一个月。

原文

用青鱼、鲆鱼蒸熟，将肉拆下，放油锅中灼之，黄色，加盐花、葱、椒、瓜姜。冬日封瓶中，可以一月。

鱼　片

将青鱼、鳜鱼片用酱油腌一下，加入芡粉、蛋清一起拌匀，烧热油锅，放入鱼片爆炒，用小盘盛起来，加入适量的葱、花椒、嫩姜。鱼片一份最多不要超过六两，否则鱼片太多火力不够时容易炒不透。

原文

取青鱼、季鱼片，秋油郁之，加芡粉、蛋清，起油锅炮炒，用小盘盛起，加葱、椒、瓜姜，极多不过六两，太多则火气不透。

鱼　圆

将活的白鱼或青鱼剖成两半，钉在砧板上，用刀刮下鱼肉，再将鱼刺留在砧板上；然后将鱼肉剁成碎末，加入豆粉、猪油一起拌匀，再用手搅拌；放一点点盐水，不要用酱油，放入葱、姜汁后做成小丸子，然后放进沸水中煮熟，捞起后再放进冷水里存放，等到要吃的时候放入鸡汤、紫菜煮沸就可以上桌了。

原文

用白鱼、青鱼活者剖半钉板上，用刀刮下肉，留刺在板上；将肉斩化，用豆粉、猪油拌，将手搅之；放微微盐水，不用清酱，加葱、姜汁作团，成后，放滚水中煮熟撩起，冷水养之，临吃入鸡汤、紫菜滚。

鲢鱼豆腐

将大鲢鱼煎熟，加入豆腐，淋入适量的酱油、水、葱和酒一起炖煮，等到汤汁呈现半红色时就起锅，其中鱼头的味道特别鲜美。这是一道杭州菜。要使用多少酱油，必须根据鱼的大小而定。

原文

用大鲢鱼煎熟，加豆腐，喷酱、水、葱、酒滚之，俟汤色半红起锅，其头味尤美。此杭州菜也。用酱多少，须相鱼而行。

银　鱼

银鱼刚出水时，名叫冰鲜。加入鸡汤、火腿汤慢慢煨煮。或者是炒着吃，十分鲜嫩。银鱼干要先泡软，再用酱油去炒也很好吃。

原文

银鱼起水时，名冰鲜。加鸡汤、火腿汤煨之。或炒食甚嫩。干者泡软，用酱水炒亦妙。

醋搂鱼

把活的青鱼切成大块，用油煎炸，淋上适量的酱油、醋和酒，汤要多一些比较好，等到鱼熟了之后立即起锅。杭州西湖上五柳居餐馆做的这道菜肴最有名。而现在却因为酱油的味道不佳而把鱼也给糟蹋了。甚至于连宋嫂鱼羹也只剩下虚名。《梦粱录》中所记载的美食也不可以完全相信了。做这道菜的鱼不可以太大，太大的鱼不容易入味；但也不可以太小，太小的鱼刺会很多。

宋嫂鱼羹的由来

宋嫂鱼羹是宋代周密《武林旧事》中记载的一道菜名，也是杭州的传统名菜，从南宋至今已经有八百年的历史。

相传淳熙六年（公元1179年），宋高宗赵构游历西湖的时候，遇见了一位卖鱼羹的妇人——宋五嫂，她自称是东京（今开封）人，在西湖边以卖鱼羹为生。高宗吃了她做的鱼羹，觉得很好吃，连声称赞，于是就赏赐她许多金银、布匹。从此，宋嫂鱼羹便声名鹊起，成为杭州的一道著名传统佳肴。

宋嫂鱼羹是将蝶鱼或鲈鱼蒸熟之后，去掉鱼皮和鱼骨，将鱼肉拨碎，配上火腿丝、香菇、竹笋，用鸡汤烹制而成，因为鱼羹的样子跟蟹羹差不多，因此又将宋嫂鱼羹称为“赛蟹羹”。

原文

用活青鱼切大块，油灼之，加酱、醋、酒喷之，汤多为妙。俟熟即速起锅。此物杭州西湖上五柳居最有名。而今则酱臭而鱼败矣。甚矣！宋嫂鱼羹①，徒存虚名。《梦粱录》②不足信也。鱼不可大，大则味不入；不可小，小则刺多。

注释①【宋嫂鱼羹】宋代周密《武林旧事》中记载的一道菜名。

②【《梦粱录》】由南宋吴自牧所撰写，关于杭州风土民情及城市景观等内容。

◆ 糟鲞 ◆

冬天将大鲤鱼腌过后风干，然后浸入酒糟放入酱坛中，将坛口密封。放到夏天时再吃。不能用烧酒浸泡，如果用烧酒泡，就会有辣味。

冬日用大鲤鱼腌而干之，入酒糟，置坛中，封口。夏日食之。不可用烧酒作泡。用烧酒者，不无辣味。

◆ 鱼脯 ◆

将活青鱼去头去尾，切成小方块，用盐腌透之后风干，放入锅中去油煎；加入作料，烧到卤汁收干，接着再加入芝麻拌炒，趁热起锅。这是苏州人的烹饪方法。

原文

活青鱼去头尾，斩小方块，盐腌透，风干，入锅油煎；加作料收卤，再炒芝麻滚拌起锅。苏州法也。

◆ 黄姑鱼 ◆

岳州出产一种小鱼，只有两三寸长，有人将它晒成鱼干寄给我。将鱼剥皮，加入料酒，放在饭锅上蒸着吃，味道最鲜美，这道菜叫作“黄姑鱼”。

原文

岳州[1]出小鱼，长二三寸，晒干寄来。加酒剥皮，放饭锅上，蒸而食之，味最鲜，号“黄姑鱼”。

注释①【岳州】湖南岳阳地区。

虾子勒鲞

夏天的时候挑选白净、带鱼子的鳓鱼干，放入水中泡一天，泡掉鳓鱼干的咸味。然后在太阳下晒干，再放入锅里油煎，将一面煎黄之后盛出来，在没煎黄的那一面铺上虾子，放在盘子当中，加上一些白糖，蒸约一炷香的时间即可。三伏天时吃这道菜，味道最好。

原文

夏日选白净带子勒鲞，放水中一日，泡去盐味，太阳晒干，入锅油煎，一面黄取起，以一面未黄者铺上虾子，放盘中，加白糖蒸之，以一炷香为度。三伏日食之绝妙。

家常煎鱼

烹制家常煎鱼这道菜，必须要有耐心。先将草鱼洗干净，切块之后用盐腌制，再将腌好的鱼压扁，然后放入油锅中将两面煎黄，多加些酒、酱油，用小火慢慢煨熟，然后将收干的汤汁作为卤汁，可使作料的味道完全进入鱼肉当中。但这种做法是针对死鱼的。如果是活鱼，那就以快速起锅的作法，比较好吃。

原文

家常煎鱼，须要耐性。将鲩鱼洗净，切块盐腌，压扁，入油中两面煎黄，多加酒、秋油，文火慢慢滚之，然后收汤作卤，使作料之味全入鱼中。第此法指鱼之不活者而言。如活者，又以速起锅为妙。

台鲞

台鲞的品质好坏不一。台州松门出产的台鲞品质最好，肉质柔软而鲜肥。活鱼时将鱼肉拔下来，就可以直接当小菜，不必煮熟了吃；和鲜肉一起煨煮的话，必须等肉烂熟的时候再放入台鲞，否则台鲞就会烂熟化开找不到肉了，将台鲞冷冻起来就是鲞冻。这是绍兴人的烹饪方法。

制作鱼鲞

制作鱼鲞时，要将新鲜的鱼，从背脊处剖开成两半，挖掉内脏，擦干净之后，用细竹条将鱼撑开，挂在通风阴凉处风干，吃的时候只要将它蒸熟即可。这样的鲞（鱼干），鱼香馥郁，肉质丰满，咸味和鲜味合而为一，因此素来有“新风鳗鲞味胜鸡”的说法。鱼鲞是东南沿海渔民最喜欢吃的佳品，用黄鱼做的叫“黄鱼鲞”，用鳗鱼做的叫“鳗鲞”。清代以来，最出名的鲞，就是浙江台州出产的“台鲞”。

原文

台鲞好丑不一。出台州松门者为佳，肉软而鲜肥。生时拆之，便可当作小菜，不必煮食也；用鲜肉同煨，须肉烂时放鲞；否则鲞消化不见矣，冻之即为鲞冻。绍兴人法也。

水族无鳞单

没有鱼鳞的鱼，比起有鳞的鱼腥味要更重一些，必须用特别的方法来烹饪，可以用姜片、桂皮来压制鱼的腥味。因而撰写《水族无鳞单》。

鱼无鳞者，其腥加倍，须加意烹饪，以姜、桂胜之。作《水族无鳞单》。

无鳞鱼有毒

元末明初的养生学家贾铭在《饮食须知》中说："凡一切无鳞鱼皆有毒，宜少食之。妊妇食之，并难产育，令子多疾也。"贾铭生于南宋末年，历经元代至明初，一共活了106岁，虽然他不是医生，但却专研颐养之法，很有成就，就连明太祖朱元璋也对他刮目相看。所以，当他说出"无鳞鱼有毒"的说法，当时的人都不敢吃无鳞鱼。

汤鳗

鳗鱼最忌讳的烹制方式是将鳗鱼剔骨来烹制。因为这种鱼的味道非常的腥，不能太过于随意的烹调，让它失去了原有的特色，就像鲥鱼不可以去鳞是一样的道理。如果想要清煨的话，可以用河鳗一条，洗掉鱼身上的黏滑的液体，切成一寸左右的鱼段，放入瓷罐中，加入酒和水煨烂之后，倒入酱油后起锅，再放些冬天新腌制的芥菜做成汤，但是要多用一些葱、姜等作料，以去除腥味。常熟顾比部家用芡粉、山药来干煨鳗鱼，也很好吃。或者加入作料，把鳗鱼直接放在盘中去蒸，不要加水。家致华分司蒸的鳗鱼最好吃。方法是将酱油和酒按照四与六的比例调匀，但一定要使汤盖过鳗鱼。揭开蒸笼时，时间的掌握要恰到好处，蒸过了头，鳗鱼的皮就会起皱，味道也会流失。

昂贵的鳗鱼料理

在日本有所谓“土用之丑日要吃蒲烧鳗鱼”的传统。我们把这天翻译成“日本鳗鱼节”，这是日本人为了要度过炎夏，以吃鳗鱼来补身体的日子。

“土用”原来是指每一季的最后18或19天，但一般则指的是立秋之前的18天或19天，大约是在农历六月的大暑。为什么这天成为要吃鳗鱼的日子？其实这并非日本的风俗习惯，而是日本江户时代的营销手法。相传这是江户时代的人，为了要把夏天不好卖的鳗鱼促销出去，想出来的点子。

于是在立春、立夏、立秋、立冬前的18天，日本人就开始有了吃鳗鱼料理的习惯。根据 一项问卷调查显示，日本八成的男性和七成的女性都特别爱吃鳗鱼。但是对日本的普通老百姓来说，鳗鱼真的是很贵的食物。如今，日本人只有在有庆典或重要的日子，才会吃鳗鱼料理。

原文

鳗鱼最忌出骨。因此物性本腥重，不可过于摆布，失其天真，犹鲥鱼之不可去鳞也。清煨者，以河鳗一条，洗去滑涎，斩寸为段，入磁罐中，用酒水煨烂，下秋油起锅，加冬腌新芥菜作汤，重用葱、姜之类以杀其腥。常熟顾比部[1]家用纤粉、山药干煨，亦妙。或加作料直置盘中蒸之，不用水。家致华分司[2]蒸鳗最佳。秋油、酒四六兑，务使汤浮于本身。起笼时尤要恰好，迟则皮皱味失。

注释①【比部】官职名，明清时是刑部官员的通称。

②【分司】官职名，是管理盐务的官员。

◆ 红煨鳗 ◆

将鳗鱼用酒、水煨煮至软烂，再加入甜酱用来代替酱油，等到锅里的汤汁煨干之后，加入适量茴香、大料再起锅。烹制这道菜有三个问题必须避免：一是避免鳗鱼皮起皱，这样皮就不会酥；二是鳗鱼肉要避免散落在碗里，这样筷子会夹不起来；三是避免太早加盐，这样鱼肉会入口不化。扬州朱分司家烹制的这道菜最为好吃。一般而言，红煨鳗鱼的汤汁要收干才好吃，这样卤味便会全部融入鳗鱼肉当中。

原文

鳗鱼用酒、水煨烂，加甜酱代秋油，入锅收汤煨干，加茴香、大料起锅。有三病宜戒者：一皮有皱纹，皮便不酥；一肉散碗中，箸夹不起；一早下盐豉，入口不化。扬州朱分司家制之最精。大抵红煨者以干为贵，使卤味收入鳗肉中。

◆ 蚶 ◆

蚶有三种不同的吃法：用热水烫一下，半熟时去掉蚶盖，再加入料酒、酱油浸泡成醉蚶；也可以用鸡汤烫熟，去掉蚶盖之后泡在鸡汤中；还可以将蚶盖全部去掉，直接做成汤品。但烹制这道菜动作要快，动作慢了蚶肉就会太老。蚶产于浙江奉化县，品质比车螯、蛤蜊还要好。

原文

蚶有三吃法：用热水喷之，半熟去盖，加酒、秋油醉之；或用鸡汤滚熟，去盖入汤；或全去其盖作羹亦可。但宜速起，迟则肉枯。蚶出奉化县，品在蚌螯、蛤蜊之上。

◆ 酱炒甲鱼 ◆

将甲鱼煮到半熟，去掉骨头，然后用油锅爆炒，加入酱油、水、葱、花椒等到汤汁收干成为卤汁之后就可以起锅。这是杭州人烹制甲鱼的方法。

将甲鱼煮半熟，去骨，起油锅炮炒，加酱、水、葱、椒，收汤成卤，然后起锅。此杭州法也。

◆ 带骨甲鱼 ◆

挑选一只半斤重的甲鱼，剁成四块，在锅里加入三两的猪油，将甲鱼放进油锅中煎至两面金黄之后，加入水、酱油、酒一起煨煮；先用大火，再转小火，煨煮到八分熟的时候加入蒜，起锅时再放入葱、姜和糖。这道菜使用的甲鱼小的比大的好吃。俗话说“童子脚鱼”才嫩。

原文

要一只半斤重者，斩四块，加脂油三两，起油锅煎两面黄，加水、秋油、酒煨；先武火，后文火，至八分熟加蒜，起锅用葱、姜、糖。甲鱼宜小不宜大。俗号“童子脚鱼”才嫩。

◆ 水　鸡 ◆

烹制水鸡要先去掉青蛙的身子，只用蛙腿来做菜，先用油炒，再加入酱油、甜酒、姜汁，然后起锅。或是只取青蛙肉来炒，味道与鸡肉差不多。

原文

水鸡去身用腿，先用油灼之，加秋油、甜酒、瓜姜起锅。或拆肉炒之，味与鸡相似。

生炒甲鱼

将甲鱼剔去骨头，用麻油爆炒，加入一杯酱油、一杯鸡汁。这是真定魏太守家的烹制方法。

认识甲鱼

鳖，俗称甲鱼、水鱼、团鱼、王八等，是一种水陆两栖、卵生的爬行动物。鳖有“三喜三怕”，那就是喜静怕惊，喜阳怕风，喜洁怕脏。鳖肉十分美味，具有滋补入药的功效。

原文

将甲鱼去骨，用麻油炮炒之，加秋油一杯、鸡汁一杯。此真定魏太守家法也。

◆ 青盐甲鱼 ◆

把甲鱼剁成四块，起油锅将甲鱼炸透。每一斤甲鱼用四两酒、三钱大茴香、一钱半盐，一起煨煮到半熟，加入二两猪油，再把甲鱼切成小块慢慢煨煮，之后加入蒜头、笋尖，起锅时加进葱、花椒，或者用酱油去煨煮，那就不必再用盐了。这是苏州唐静涵家的烹制方法。甲鱼太大了肉就老，太小了则腥味很重，要买中等大小的甲鱼最合适。

原文

斩四块，起油锅炮透。每甲鱼一斤，用酒四两、大茴香三钱、盐一钱半，煨至半好，下脂油二两，切小骰块再煨，加蒜头、笋尖，起时用葱、椒，或用秋油，则不用盐。此苏州唐静涵家法。甲鱼大则老，小则腥，须买其中样者。

◆ 鳝丝羹 ◆

把鳝鱼煮到半熟，去掉骨头之后切成丝，加入酒、酱油一起煨煮，用少量的芡粉勾芡，再用真金菜、冬瓜、长葱做成鳝鱼羹。南京厨师往往把鳝鱼烧得像木炭一样，实在令人费解。

原文

鳝鱼煮半熟，划丝去骨，加酒、秋油煨之，微用纤粉，用真金菜、冬瓜、长葱为羹。南京厨者辄制鳝为炭，殊不可解。

◆ 炒　鳝 ◆

将鳝鱼肉切成丝之后炒到略为焦黄，就像炒鸡肉丝那样，不可以加水烹饪。

原文

拆鳝丝炒之略焦，如炒肉鸡之法，不可用水。

全壳甲鱼

山东杨参将家，在烹制甲鱼时会先切掉头和尾，只取甲鱼的肉及裙边，加入作料煨煮好，仍然用甲鱼的壳盖好。每次宴请客人时，每位客人面前都用小盘摆上一只甲鱼。客人初见时都会大吃一惊，担心它还活着会动。可惜其烹制方法没有人得到真传。

山东杨参将家，制甲鱼去首尾，取肉及裙，加作料煨好，仍以原壳覆之。每宴客，一客之前以小盘献一甲鱼。见者竦然，犹虑其动。惜未传其法。

段　鳝

把鳝鱼切成一寸长的段，按照煨煮鳗鱼的方法来烹制，或者可以先用油来炸，使它变硬之后，再用冬瓜、鲜笋、香菇当作配料，放入少许酱水，多放点姜汁去煨煮。

原文

切鳝以寸为段，照煨鳗法煨之，或先用油炙，使坚，再以冬瓜、鲜笋、香蕈作配，微用酱水，重用姜汁。

蛤　蜊

剥下蛤蜊肉，加韭菜一起炒很好吃。用来做汤也可以。起锅的时间太久，蛤蜊肉容易变老。

剥蛤蜊肉加韭菜炒之佳。或为汤亦可。起迟便枯。

汤煨甲鱼

将甲鱼用白水煮熟，去掉骨头之后将甲鱼肉拆碎，再用鸡汤、酱油和酒一起煨煮，等汤汁从二碗煨到只剩下一碗时就可以起锅，同时加入葱、花椒、姜末调味。吴竹屿家这道菜做得最好吃。这道菜也可以加入少量的芡粉，这样汤汁就能变得更加浓稠。

博个好彩头

甲鱼这道菜最早可以追溯到周朝。《诗经》中记载周宣王的大臣尹吉甫北伐，凯旋归来之后，“饮御诸友，炰鳖脍鲤”，为他设了庆功宴。而韦巨源的《烧尾宴食单》中也提到隋唐有一道有名的小吃，是用羊网油、鸭蛋和甲鱼烹制而成。到了清朝则有“冰糖甲鱼”这道名菜，取其独占鳌头、科举及第的意思。

原文

将甲鱼白煮，去骨拆碎，用鸡汤、秋油、酒煨汤二碗收至一碗，起锅，用葱、椒、姜末掺之。吴竹屿家制之最佳。微用芡，才得汤腻。

◆ 虾　圆 ◆

制作虾丸的方法，可以参照制作鱼丸的方法。虾丸可以用鸡汤来煨煮，也可以干炒。大致而言，制作虾丸时不需要捶得太细，以免失去了虾的鲜味。做鱼丸也是如此。有人则只剥出虾肉，然后用紫菜拌来吃，其味道也很好。

虾圆照鱼圆法。鸡汤煨之，干炒亦可。大概捶虾时不宜过细，恐失真味。鱼圆亦然。或竟剥虾肉，以紫菜拌之，亦佳。

◆ 鲜　蛏 ◆

烹制鲜蛏的方法与烹制车螯的方法是一样的，也可以单独炒来吃。何春巢家所烹制的蛏汤豆腐非常好吃，简直就是绝品。

烹蛏法与车螯同。单炒亦可。何春巢家蛏汤豆腐之妙，竟成绝品。

◆ 炒　虾 ◆

炒虾的方法可以参照炒鱼的方式，可以用韭菜作配料。或者加入冬天腌制的芥菜，那就可以不用韭菜了。也有人把虾尾拍扁单独来炒，也很一种新奇有趣的吃法。

原文

炒虾照炒鱼法，可用韭配。或加冬腌芥菜，则不可用韭矣。有捶扁其尾单炒者，亦觉新异。

◆ 蟹　羹 ◆

剥取蟹肉来烹制蟹羹，即是用煮蟹的原汤来煨煮蟹肉，不必加鸡汁，单独烹制最好。我曾经见过一些不太高明的厨师在蟹羹中加入鸭舌，或者鱼翅，或者海参，这样不仅夺去了蟹的鲜味，而且还会诱发蟹的腥味，简直糟糕透了！

剥蟹为羹，即用原汤煨之，不加鸡汁，独用为妙。见俗厨从中加鸭舌，或鱼翅，或海参者，徒夺其味而惹其腥，恶劣极矣！

◆ 炒蟹粉 ◆

炒蟹粉以现剥现炒为最好吃。如果超过了两个时辰，蟹肉就会变干而失去了鲜味。

以现剥现炒之蟹为佳。过两个时辰，则肉干而味失。

◆ 剥壳蒸蟹 ◆

将蟹剥壳之后取出蟹肉和蟹黄，再放回蟹壳中，把五六只蟹放在生鸡蛋上蒸熟。上桌时像是一只完整的蟹，只是没有脚爪。这道菜比炒蟹粉更有特色。杨兰坡明府用南瓜肉来拌蟹，也十分新奇。

将蟹剥壳，取肉、取黄，仍置壳中，放五六只在生鸡蛋上蒸之。上桌时完然一蟹，惟去爪脚。比炒蟹粉觉有新式。杨兰坡明府以南瓜肉拌蟹，颇奇。

蟹

蟹适合单独烹制来吃，不适合和其他的食材搭配烹煮。最好是用淡盐水煮熟，自剥自吃最好吃。用蒸的方式虽然能保证蟹的鲜味，但口味实在太淡了。

蟹八件

在《考吃·食蟹》中记载：到了明代，吃蟹才开始有了讲究。明朝的能工巧匠发明了一套小巧玲珑的食蟹工具，共有锤、征、销、匙、叉、铲、刮、针八件工具，俗称蟹八件：“锤敲蟹壳唱八件，金锯剖螯举觞鲜。吟诗赏菊人未醉，舞钩玩镊乐似仙。”通常蟹八件只有十分讲究的富裕人家才会使用 。

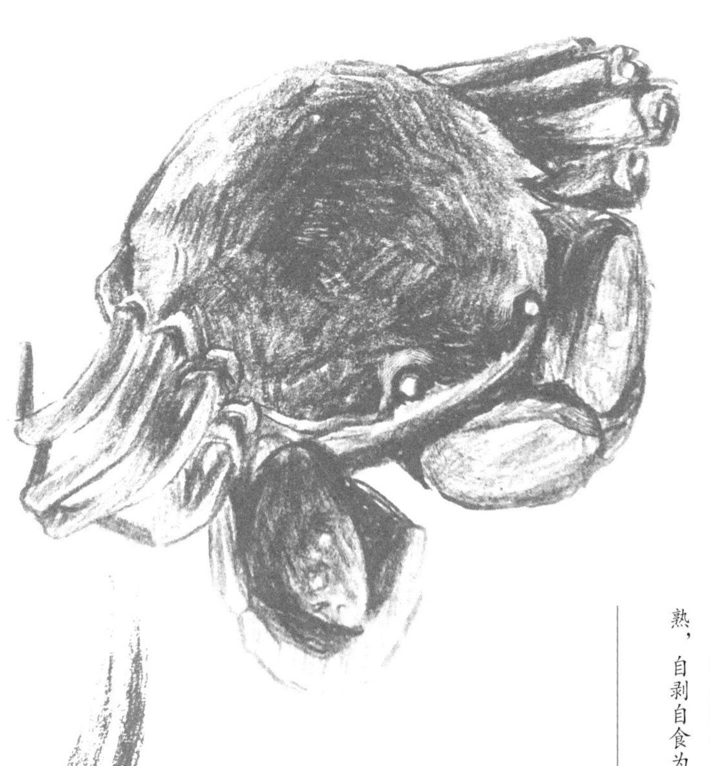

蟹宜独食，不宜搭配他物。最好以淡盐汤煮熟，自剥自食为妙。蒸者味虽全，而失之太淡。

◆ 茶叶蛋 ◆

挑选一百颗鸡蛋，用一两盐、粗茶叶和鸡蛋一同煮约两支线香的时间。如果是五十颗鸡蛋，只需要用五钱盐，依照这个比例按鸡蛋的数量斟酌盐的用量。茶叶蛋可以当作点心来吃。

原文

鸡蛋百个，用盐一两、粗茶叶煮两枝线香为度。如蛋五十个，只用五钱盐，照数加减。可作点心。

◆ 炸　鳗 ◆

挑选较大条的鳗鱼，将头尾去掉，切成一寸左右的鱼段。先将鳗鱼段用麻油炸熟，捞起来；另外将新鲜的蒿菜嫩尖放入锅中，仍用原油将它炒透，再把鳗鱼平铺在菜上面，加上作料，煨煮约一炷香的时间。蒿菜的用量大约是鳗鱼的一半。

原文

择鳗鱼大者，去首尾，寸断之。先用麻油炸熟，取起；另将鲜蒿菜嫩尖入锅中，仍用原油炒透，即以鳗鱼平铺菜上，加作料，煨一炷香。蒿菜分量较鱼减半。

◆ 熏　蛋 ◆

将鸡蛋加上作料一起煨好，稍微熏干之后，切成片放在盘子里，可以用来当成佐餐的配菜。

原文

将鸡蛋加作料煨好，微微熏干，切片放盘中，可以佐膳。

◆ 车 鳌 ◆

先把五花肉切成片，加入作料一起闷烂。再把车螯洗干净，用麻油快炒，然后将肉片连同卤汁与车螯一起烧。酱油要多放些才会有味道。加点豆腐也可以。车螯是从扬州运来的，路上怕坏掉，可以将车螯的肉从壳里先取出来，浸泡在猪油中，这样就可以长途运输。也有的做法是把车螯晒成干货，味道也不错。如果放进鸡汤里煮，味道比蛏干还要好吃。把车螯捶烂做成车螯饼，像做虾饼那样煎来吃，加上一些调味料，味道也很不错。

原文

先将五花肉切片，用作料闷烂。将车螯洗净麻油炒，仍将肉片连卤烹之。秋油要重些，方得有味。加豆腐亦可。车螯从扬州来，虑坏，则取壳中肉，置猪油中，可以远行。有晒为干者亦佳。入鸡汤烹之，味在蛏干之上。捶烂车螯作饼，如虾饼样煎吃，加作料亦佳。

◆ 程泽弓蛏干 ◆

程泽弓商人家制作的蛏干，要先用冷水泡一整天，再用开水煮两天，期间还得更换五次水。一寸的蛏干可以发到二寸长左右，看上去就跟新鲜的蛏一样，然后才能放进鸡汤里煨煮。扬州人学会了这道菜的做法，但还是比不上程泽弓家做得好吃。

原文

程泽弓商人家制蛏干，用冷水泡一日，滚水煮两日，撤汤五次。一寸之干，发开有二寸，如鲜蛏一般，才入鸡汤煨之。扬州人学之，俱不能及。

杂素菜单

菜有荤菜、素菜之分，就跟衣服也有里外之分一样。富贵人家喜欢吃素菜胜过吃荤菜，因此而撰写《杂素菜单》。

菜有荤素，犹衣有表里也。富贵之人，嗜素甚于嗜荤。作《素菜单》。

关于素菜

春秋战国时，素菜主要用于祭祀和典礼。北魏时期贾思勰撰写的《齐民要术》中《素食》一节，记载了十一种素食。又因为南朝梁武帝信奉佛教，终身吃素，因而推动了中国素菜文化的发展。

素菜有三大流派：宫廷素菜、寺院素菜和民间素菜。而素菜也分成“全素”和“以荤托素”。全素派以寺院素菜为代表，不使用鸡蛋和葱蒜等“五荤”调味；而“以荤托素”以民间的素食料理为主，可以用海鲜类产品及动物油脂和肉汤等来烹制。

蒋侍郎豆腐

把豆腐两面去皮，每块都切成十六片，把豆腐晾干。将猪油烧热到冒烟再放入豆腐，略撒一小撮盐，将豆腐翻面，加入一茶杯上好的甜酒、一百二十个大虾米。如果没有大虾米，就用三百个小虾米来替代。先将虾米用开水浸泡两个小时，加入一小杯酱油，再烧开一次，然后加一小撮糖，再烧开一次，将一百二十段大约半寸长的细葱放入锅中，再慢慢起锅。

为豆腐折腰的袁枚

相传西汉时淮南王刘安发明豆腐，因而丰富了素菜的品类。

根据袁枚《随园诗话》中的记载，袁枚为了一碗豆腐而三折腰的故事：

“蒋戟门观察招饮，珍馐罗列，忽问余：曾吃我手制豆腐乎？曰：未也。公即着鼻裙，亲赴厨下，良久擎出，果一切盘餐尽废，因求公赐烹饪法，公命向上三辑，如其言，始口授方，归家试作，宾客成夸。毛俟园广文调余云：珍味群推令，黎祈尤似易牙调。谁知解组陶元亮，为此曾经三折腰。”

以侍郎这样高贵的身份，蒋赐荣竟然亲自穿着围裙，下厨为袁枚烹煮一碗好吃的豆腐料理，怪不得袁枚要为了这顿豆腐宴而鞠躬了。

原文

豆腐两面去皮，每块切成十六片，晾干，用猪油热灼，清烟起才下豆腐，略洒盐花一撮，翻身后，用好甜酒一茶杯，大虾米一百二十个；如无大虾米，用小虾米三百个；先将虾米滚泡一个时辰，秋油一小杯，再滚一回，加糖一撮，再滚一回，用细葱半寸许长，一百二十段，缓缓起锅。

◆ 杨中丞豆腐 ◆

将嫩豆腐用水煮去除豆腥味，然后放进鸡汤里，同时加入鲍鱼片煮一会儿，再加上糟油、香菇，然后起锅。鸡汁必须煮得十分浓郁，而鲍鱼片则要切得很薄。

用嫩豆腐煮去豆气，入鸡汤，同鳆鱼片滚数刻，加糟油、香蕈起锅。鸡汁须浓，鱼片要薄。

◆ 张恺豆腐 ◆

把虾米捣碎，放进豆腐中，起油锅，将油烧热，加入作料干炒即可。

将虾米捣碎入豆腐中，起油锅，加作料干炒。

◆ 庆元豆腐 ◆

将一茶杯的豆豉用水泡烂，再放入豆腐中一同炒熟之后起锅即可。

将豆豉一茶杯，水泡烂，入豆腐同炒起锅。

◆ 芙蓉豆腐 ◆

先将嫩豆腐放入开水中泡三次，除掉豆腥味，再放入鸡汤中煮沸，临起锅时再加上紫菜、虾肉等。

用腐脑，放开水泡三次，去豆气，入鸡汤中滚，起锅时加紫菜、虾肉。

◆ 冻豆腐 ◆

将豆腐冷冻一夜，切成方块，用水煮滚去掉豆腥味，再加入鸡汤汁、火腿汁、肉汁等一起煨炖。上桌时，再将鸡肉、火腿等食材去掉，只留下香菇、冬笋就好。豆腐煨煮久了会变得松软，表面泛起蜂窝状的孔，就像冻豆腐。因此，炒豆腐应该选择嫩的，煨煮豆腐时则应该选择老的。家致华分司，将蘑菇与豆腐一起煨煮，即使夏天也按照冻豆腐的方法去做，非常好吃。千万不可加荤汤，否则会失掉豆腐的清香味。

原文

将豆腐冻一夜，切方块，滚去豆味，加鸡汤汁、火腿汁、肉汁煨之。上桌时，撤去鸡、火腿之类，单留香蕈、冬笋。豆腐煨久则松，面起蜂窝，如冻腐矣。故炒腐宜嫩，煨者宜老。家致华分司用蘑菇煮豆腐，虽夏月亦照冻腐之法，甚佳。切不可加荤汤，致失清味。

王太守八宝豆腐

把嫩豆腐片切得碎碎的，加入香菇末、蘑菇末、松子仁末、瓜子仁末、鸡肉末和火腿末，一同放进浓鸡汁中，拌炒煮滚之后起锅。用豆花制作也可以。吃的时候用汤匙而不用筷子。孟亭太守说：“这是圣祖康熙皇帝赐给徐健庵尚书的食谱。尚书去拿食谱时还支付了御膳房一千两银子。”王太守的祖父楼村先生是徐健庵尚书的弟子，因此得到了这个食谱。

徐健庵尚书

王太守指的是王箴与，他与袁枚是好朋友，王太守的祖父即徐健庵尚书的弟子，他从徐健庵尚书那里得到了这份食谱。徐健庵的记忆力很强，可以过目不忘，也很能吃，据说他每天早上入朝之前，要吃五十个饽饽、五十只黄雀、五十颗鸡蛋，还要喝十壶酒，这样他可以一整天都不吃饭。

原文

用嫩片切粉碎，加香蕈屑、蘑菇屑、松子仁屑、瓜子仁屑、鸡屑、火腿屑，同入浓鸡汁中炒滚起锅。用腐脑亦可。用瓢不用箸。孟亭太守云：『此圣祖赐徐健庵尚书方也。尚书取方时，御膳房费一千两。』太守之祖楼村先生为尚书门生，故得之。

程立万豆腐

乾隆二十三年，我和金寿门在扬州程立万家吃煎豆腐，味道独一无二、美味无比。他家的豆腐两面的颜色呈金黄色，而且是干的，没有一点点卤汁，略微有一些车螯的鲜味。然而盘中却并没有车螯或其他的配菜。第二天我告诉查宣门，查宣门说："我也会做这道菜，一定要请你们来品尝。"之后，与杭董瀚同在查家一起吃饭。刚用筷子夹起来便令人大笑；原来全都是用鸡和雀脑做的，并非是真的豆腐，又肥又腻，难吃极了。费用还比程家的菜要多出十倍，味道却远不及程家豆腐美味。可惜当时我因为妹妹的丧事急着要回家，来不及向程家请教制作方法。过了一年程氏就去世了。我至今还在后悔没有得到这道菜的做法。但现在，我想保存这个菜名，等到有时间再去寻找这个食谱。

袁枚的妹妹

袁枚的妹妹叫袁机，字素文，别号青琳居士，是个才女，她与四妹袁杼、堂妹袁棠在当时合称“袁家三妹”。袁机的婚姻不幸福，一生坎坷，去世时才四十岁。

袁枚的《祭妹文》字字含泪，读来让人不胜唏嘘，兄妹感情深切，虽然全文说的都是家里的琐碎事情，但却带着浓浓的哀悼与思念。

原文

乾隆廿三年，同金寿门在扬州程立万家食煎豆腐，精绝无双。其豆腐两面黄干，无丝毫卤汁，微有蛼螯鲜味。然盘中并无蛼螯及他杂物也。次日告查宣门，查曰：“我能之！我当特请。”已而，同杭堇浦同食于查家，则上箸大笑；乃纯是鸡、雀脑为之，并非真豆腐，肥腻难耐矣。其费十倍于程，而味远不及也。惜其时，余以妹丧急归，不及向程求方。程逾年亡，至今悔之。仍存其名，以俟再访。

◆ 虾油豆腐 ◆

用陈年的虾油代替酱油去炒豆腐，必须将豆腐的两面先煎黄。油锅要烧热，作料则使用猪油、葱和花椒。

取陈虾油代清酱炒豆腐。须两面煎黄。油锅要热，用猪油、葱、椒。

◆ 蓬蒿菜 ◆

将蓬蒿菜的嫩尖部分用油炒瘪，再放入鸡汤中烧煮，起锅时加一百个松菌即可。

取蒿尖用油灼瘪，放鸡汤中滚之，起时加松菌百枚。

◆ 葛仙米 ◆

先将掺杂在葛仙米中的杂质挑干净，再用水清洗好，煮至半熟时，再用鸡汤、火腿汤去煨煮。上菜时只要取出葛仙米，鸡肉、火腿不要掺杂在其中最好。陶方伯家烹制的葛仙米最好吃。

将米细捡淘净，煮半烂，用鸡汤、火腿汤煨。临上时，要只见米，不见鸡肉、火腿搀和才佳。此物陶方伯家制之最精。

◆ 羊肚菜 ◆

羊肚菜主要产于湖北。做法与葛仙米做法一样。

羊肚菜出湖北。食法与葛仙米同。

◆ 石 发 ◆

石发的制作方法与葛仙米做法相同。夏天用麻油、醋、酱油凉拌，也很好吃。

制法与葛仙米同。夏日用麻油、醋、秋油拌之，亦佳。

◆ 珍珠菜 ◆

制作方法与蕨菜做法相同。珍珠菜生产于新安江的上游。

原文

制法与蕨菜同。上江新安所出。

◆ 猪油煮萝卜 ◆

先用熟猪油炒萝卜，再加入虾米一起煨炖，煨到熟烂为准。起锅时撒上一些葱花，颜色就如同琥珀一样漂亮。

用熟猪油炒萝卜，加虾米煨之，以极熟为度。临起加葱花，色如琥珀。

蕨菜

吃蕨菜时，千万不要舍不得，必须把枝叶全部都去掉，只留下嫩茎部位，将蕨菜洗干净之后煨烂，再用鸡汤来煨煮。买蔬菜应该选小棵的，口感才会肥嫩。

“过猫”

蕨菜，又称拳头菜、龙头菜，喜欢生长于山区的向阳面，可以食用的部分是蕨尖展开的嫩芽。蕨菜的食用历史十分悠久，在《诗经·召南·草虫》中就描写了人们成群结队在南山采蕨菜的场景。

李时珍在《本草纲目》中记载了蕨菜的烹制方法，可煮、可炒、可煨炖，也可以晒干当菜吃。蕨菜在台湾地区俗称蕨猫，或以闽南语称为“过猫”。

原文

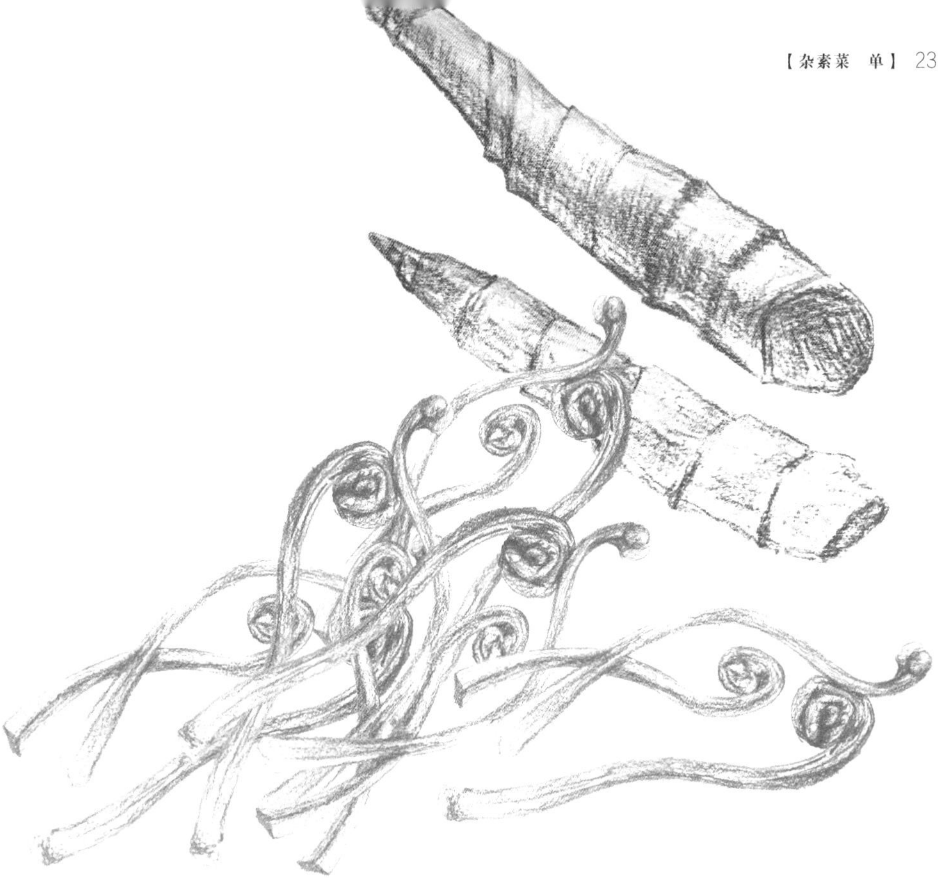

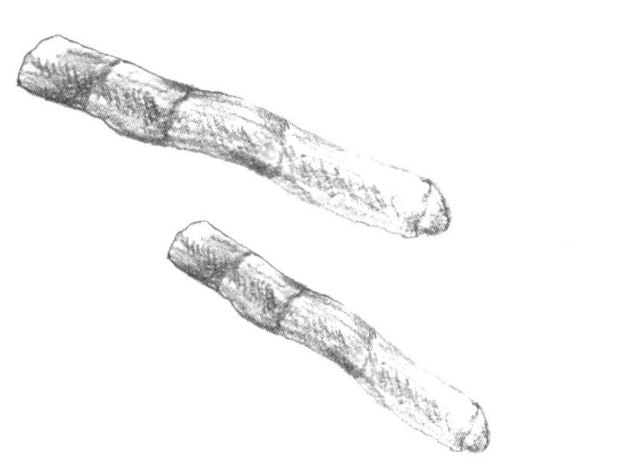

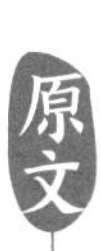

用蕨菜不可爱惜，须尽去其枝叶，单取直根，洗净煨烂，再用鸡肉汤煨。必买矮弱者才肥。

◆ 芹 ◆

芹菜属于素菜，越肥厚越好吃。选取白色的根部炒着吃，加入笋，以炒至熟为准。现在有人用芹菜来炒肉，清浊混杂，不伦不类。如果炒得不够熟，吃起来虽然脆但却没味道。若是用芹菜凉拌野鸡肉，那就另当别论了。

取陈虾油代清酱炒豆腐。须两面煎黄。油锅要热，用猪油、葱、椒。

◆ 茭白 ◆

用茭白来炒猪肉或炒鸡肉都可以。把茭白切成段，放入酱、醋清炒，味道更好。茭白炒猪肉也不错，但必须切成片，以大约一寸长为标准。刚长出来的太细嫩的茭白，吃起来没有什么味道。

原文

茭白炒肉、炒鸡俱可。切整段，酱、醋炙之，尤佳。爆肉亦佳。须切片，以寸为度，初出瘦细者无味。

◆ 台菜 ◆

炒台菜心非常软糯好吃，将台菜的外皮剥掉，放入蘑菇、新鲜的笋做成汤品。或者加入虾肉炒来吃，也很好吃。

原文

炒台菜心最糯，剥去外皮，入蘑菇、新笋作汤。炒食加虾肉，亦佳。

◆ 瓢儿菜 ◆

炒瓢儿菜菜心以干、鲜、无汤为最好。被雪压过的瓢儿菜菜心炒出来口感更加软嫩。王孟亭太守家做的这道菜最精致好吃。不必加其他的东西，但适合用荤油炒。

原文

炒瓢菜心，以干鲜无汤为贵。雪压后更软。王孟亭太守家制之最精。不加别物，宜用荤油。

◆ 菠　菜 ◆

菠菜又肥又嫩，可以加入酱油、豆腐一起煮着吃。杭州人称这道菜为“金镶白玉板”。这种菜虽然长得细长但叶片肥嫩，不必另外加笋尖、香菇等作料。

原文

菠菜肥嫩，加酱水、豆腐煮之。杭人名“金镶白玉板”是也。如此种菜虽瘦而肥，可不必再加笋尖、香蕈。

◆ 炒鸡腿蘑菇（杏鲍菇）◆

芜湖大庵的和尚，把杏鲍菇洗干净，除掉上面的泥沙，加入酱油、酒一起炒熟，盛在盘子里宴客，好看又好吃。

芜湖大庵和尚，洗净鸡腿蘑菇去沙，加秋油、酒炒熟，盛盘宴客，甚佳。

素烧鹅

将山药煮烂之后，切成大约一寸长的段，用豆腐皮包裹住，放进油锅里炸，然后再加入酱油、酒、糖、姜一起烧煮，等颜色变红之后就可以起锅了。

假素菜

根据史料的记载，北宋汴京和南宋临安都有素菜馆。在《山家清供》中记载的一百多种食品中，大部分都是素菜，其中更有“假煎鱼”“胜肉夹”和“素蒸鸡”等素菜荤做的记录。

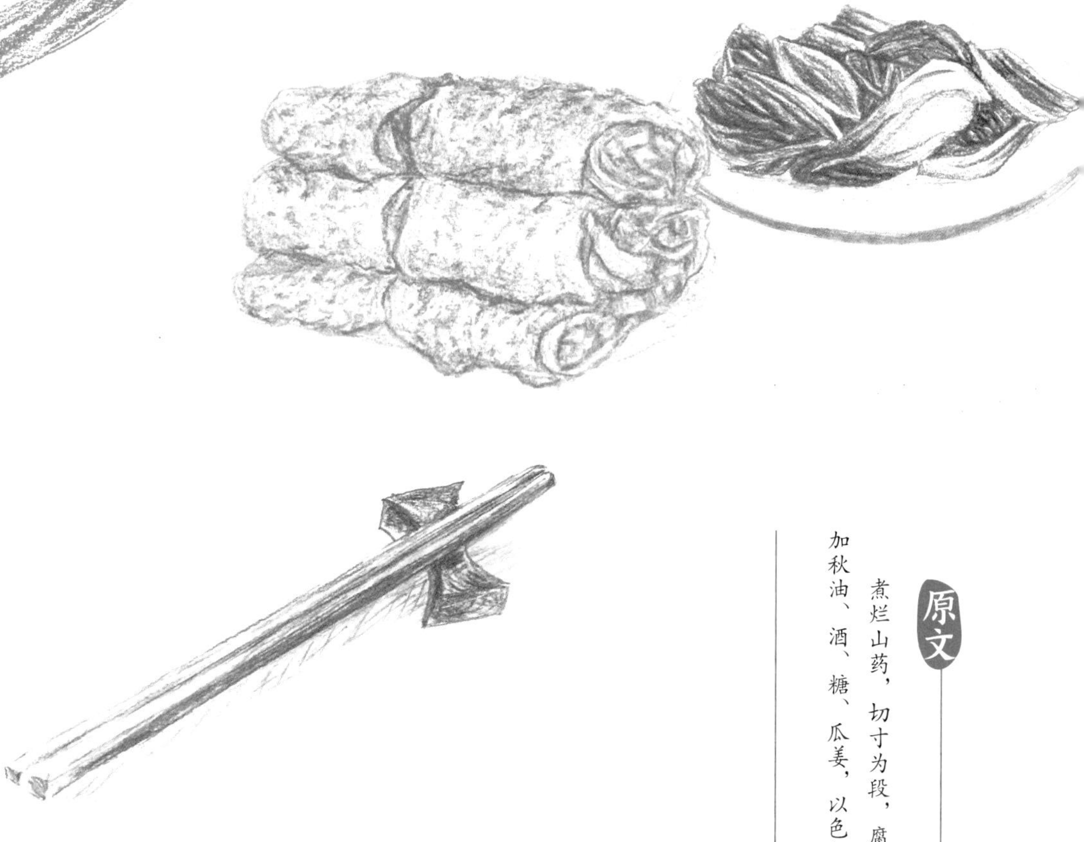

煮烂山药，切寸为段，腐皮包，入油煎之，加秋油、酒、糖、瓜姜，以色红为度。

韭

韭菜属于荤菜。只用韭菜茎白的部分，加入虾米炒着吃味道很好。或者也可以用鲜虾来搭配，猪肉也可以。

五辛

韭菜是五荤之一，五荤也叫作五辛。《本草纲目》中记载：“五荤即五辛，为其辛臭昏神伐性也。炼形家以小蒜、大蒜、韭、芸薹、胡荽为五荤。；道家以韭、薤、蒜、芸薹、胡荽为五荤；佛家以大蒜、小蒜、兴渠、慈葱、茖葱为五荤。”因为吃了这五种东西之后，口中会有难闻的气味，与辣椒和姜不同。古人在元旦和立春时要吃五辛盘，又称为春盘，有迎新的意思。

原文

韭，荤物也。专取韭白，加虾米炒之便佳。或用鲜虾亦可，蚬亦可，肉亦可。

豆芽

豆芽柔软脆嫩，我很喜欢吃。炒豆芽一定要炒到熟烂，作料的味道才能融进豆芽中。豆芽可以配燕窝煮，这是以柔配柔、以白配白的缘故。然而用最便宜的食材去配最昂贵的食材，人们常常取笑这种做法，却不知道这就像巢父和许由这样的隐士，正好可以配得上尧、舜这等圣人的道理。

百变豆芽菜

我国制作绿豆芽的历史很长，但食用历史却较短。宋代陈元《岁时广记》中记载，古人有在七夕时用水浸发绿豆芽，做成“生花盆儿”的习俗，主要是最为观赏之用。而西方人则将豆芽、豆腐、酱油和面筋视为中国食品的“四大发明”。据说豆芽是在光绪年间经由李鸿章出使欧洲时传入欧洲的。

袁枚认为豆芽要入汤融味才好吃。而《清稗类钞》中还记载一种精致的吃法，就是：“婆豆芽菜使空，以鸡丝、火腿满塞之，嘉庆时最盛行。”其精细的程度真的可以和苏州的刺绣相媲美了。

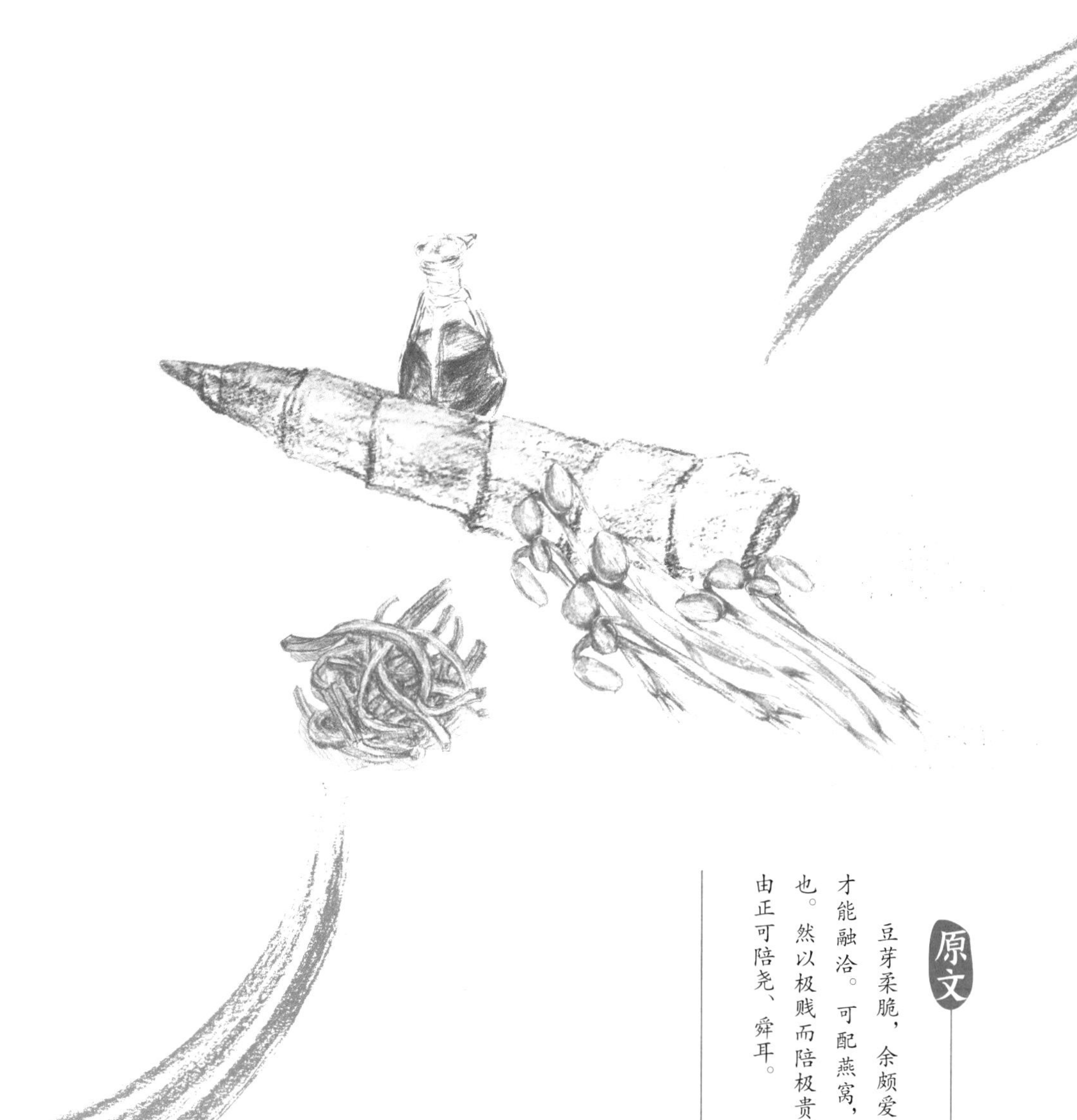

原文

豆芽柔脆，余颇爱之。炒须熟烂，作料之味才能融洽。可配燕窝，以柔配柔，以白配白故也。然以极贱而陪极贵，人多嗤之。不知惟巢、由正可陪尧、舜耳。

青菜

青菜要选择嫩一点的，和笋子一起炒。夏天用芥末来凉拌，稍微加上一点醋，可以做成开胃菜。加一些火腿片，也可以做成汤品。但也必须是从土里现拔出来的才会嫩。

名称大不同

扬州人常说的青菜，就是北方人称的“小白菜”；而扬州人常吃的“笋瓜”，北方人则称为西葫芦。

青菜择嫩者，笋炒之。夏日芥末拌，加微醋，可以醒胃。加火腿片，可以作汤。亦须现拔者才软。

黄芽菜

黄芽菜以北方运过来的比较好。可以醋熘，也可以加一点虾米煨煮，熟了之后立刻吃掉，时间久了菜色和味道都会变。

菜心

大白菜和黄芽菜是同一种蔬菜，属于十字花科。可能是因为在外围的绿色菜叶里面，露出的菜芽颜色有些发黄，所以扬州人将这种蔬菜称为“黄芽菜”，指的就是大白菜的菜心。

原文

此菜以北方来者为佳。或用醋搂，或加虾米煨之，一熟便吃，迟则色、味俱变。

蘑　菇

蘑菇不仅可以做汤，也可以炒着吃。但口蘑最容易夹藏一些沙泥，更容易受到微生物污染而变质，必须储存得法，烹制得当才行。杏鲍菇更容易处理，也比较容易做出好味道。

原文

蘑菇不止作汤，炒食亦佳。但口蘑最易藏沙，更易受霉，须藏之得法，制之得宜。鸡腿蘑便易收拾，亦复讨好。

白　菜

白菜可以炒着吃，或者用冬笋来焖熟也可以。与火腿片同煮或放入鸡汤中煮也同样好吃。

原文

白菜炒食，或笋煨亦可。火腿片煨、鸡汤煨俱可。

苋　菜

苋菜要选摘细小的嫩尖，然后干炒。如果可以加一些虾米或虾仁一起炒，味道更好。但不可以炒出汤汁来。

苋须细摘嫩尖，干炒，加虾米或虾仁更佳。不可见汤。

◆ 茄二法 ◆

吴小谷广文家，将整个茄子削皮，用开水泡掉苦汁，再放入猪油里炸。炸的时候，一定要等浸泡过水的茄子沥干水分之后才可以拿去炸，随后加入甜酱干煨茄子，这样的做法很好吃。卢八太爷家则是将茄子切成小块，不必去皮。直接放入油锅煎到稍微焦黄，再加入酱油煎炒，这样也很好吃。这两种做法，我都学得不精。只有将茄子蒸烂剖开后，再用麻油、米醋去凉拌，这种做法在夏天吃很好。或者可以将茄子烘干，放在盘中当作茄干。

吴小谷广文家，将整茄子削皮，滚水泡去苦汁，猪油炙之。炙时须待泡水干后，用甜酱水干煨，甚佳。卢八太爷家，切茄作小块，不去皮，入油灼微黄，加秋油炮炒，亦佳。是二法者，俱学之而未尽其妙，惟蒸烂划开，用麻油、米醋拌，则夏间亦颇可食。或煨干作脯，置盘中。

◆ 芋　羹 ◆

芋头本性柔腻，无论是搭配荤或素都可以。有的做法是将芋头切碎了放入鸭羹中，有的用它来炖肉，有的则是把芋头与豆腐放在一起，加入酱油和水一起煨煮。徐兆璜明府家，选用小芋头和嫩鸡一起煨汤，味道好极了，可惜做法没有流传下来。大概是只用作料，不放水。

原文

芋性柔腻，入荤入素俱可。或切碎作鸭羹，或煨肉，或与豆腐加酱水煨。徐兆璜明府家，选小芋子入嫩鸡煨汤，妙极！惜其制法未传。大抵只用作料，不用水。

松菌

松菌加入口蘑菇一起炒最好吃。或者只用酱油浸泡之后吃也很好。只是不容易长时间存放，将它与其他各种食材搭配，都能增加菜肴的鲜味。也可以放进燕窝中，当成燕窝的底垫，这是因为松菌比较鲜嫩的缘故。

菌中之王

两用的菌类，被誉为“菌中之王”，多生长于养分不多而且比较干燥的林地，秋季的产量较多。宋代的唐慎微《经史证类备急本草》上说，因该菌生长于松林下，菌蕾如鹿茸，又名松茸。

松菌十分美味、香气浓烈，最适合直接煎、烤等简单烹饪方式，无须添加任何调味料。以中医而言，松菌具有舒筋活络，理气化痰，利湿别浊之功效。

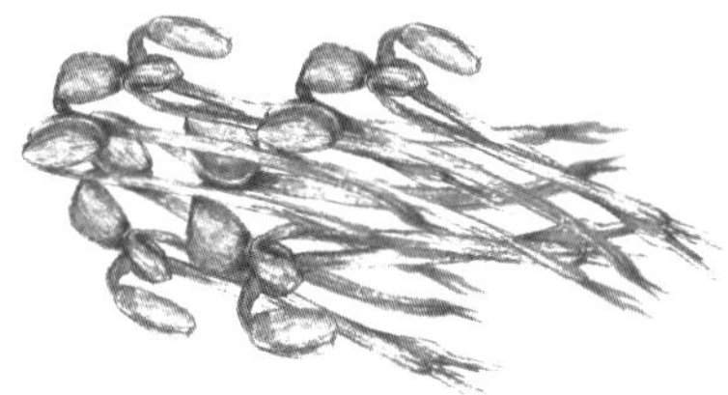

松菌加口蘑炒最佳。或单用秋油泡食，亦妙。惟不便久留耳，置各菜中，俱能助鲜。可入燕窝作底垫，以其嫩也。

面筋二法

有一种面筋的烹制方法是放入油锅中，直接将它炸到焦黄，再加入鸡汤、蘑菇清炖。另一种方法不用炸，先用水浸泡，再将面筋切条，加入浓鸡汤中，炒的时候再加冬笋、天花菜，这道菜章淮树观察家中烹制的最精致美味。摆盘时要大致将面筋撕开，不要用刀子切。加入虾米泡汁后，再放些甜酱一起炒，也很好吃。

素食中的“四大金刚”

面筋又称麸，是素食者的最爱，在寺庙中被称为素食中的“四大金刚”之一。“四大金刚”指的是：豆腐、笋、蕈、麸。明代黄一正所编撰的《事物绀珠》上说，是梁武帝创造了面筋，而到了宋朝时，市井街坊已经有专门生产面筋的作坊和销售面筋的商贩。

原文

一法，面筋入油锅炙枯，再用鸡汤、蘑菇清煨。一法，不炙，用水泡，切条入浓鸡汁炒之，加冬笋、天花①。章淮树观察家制之最精。上盘时宜毛撕，不宜光切。加虾米泡汁，甜酱炒之，甚佳。

注释①【天花】即天花草，也叫天花菜，是蘑菇的一种，产于山西五台山，白色，香气像草，形状像松花，但还更大一些，吃起来味道鲜美。

豆腐皮

先将豆腐皮泡软，加入适量的酱油、醋和虾米搅拌一下，适合在夏天吃。蒋侍郎家在豆腐皮中加入海参，味道也很好。加入紫菜、虾肉用来做汤品，也很合适。或者是和蘑菇、笋子一起熬清汤也很不错。豆腐皮以煨烂为标准。芜湖敬修和尚，将豆腐皮卷成筒状再切成段，放入油锅中稍微炸一下，再和蘑菇一起煨煮至烂，也很好吃，但不能加鸡汤去煨。

原文

将腐皮泡软，加秋油、醋、虾米拌之，宜于夏日。蒋侍郎家入海参用，颇妙。加紫菜、虾肉作汤，亦相宜。或用蘑菇、笋煨清汤，亦佳。以烂为度。芜湖敬修和尚，将腐皮卷筒切段，油中微炙，入蘑菇煨烂，极佳。不可加鸡汤。

扁豆

将现摘的新鲜扁豆用肉汤一起妙，炒熟之后将肉去掉，只留下扁豆。清炒时最好多用一些油。挑选扁豆以肥嫩为佳。外表粗糙而且瘦薄的扁豆，是贫瘠土地上生长出来的，不太好吃。

原文

取现采扁豆，用肉汤炒之，去肉存豆。单炒者油重为佳。以肥软为贵。毛糙而瘦薄者，瘠土所生，不可食。

煨三笋

把天目笋、冬笋和杭州笋，一起放入鸡汤中去煨，称为“三笋羹”。

原文

将天目笋、冬笋、问政笋，煨入鸡汤，号“三笋羹”。

◆ 瓠子、王瓜 ◆

先把草鱼切成片炒一下，再加入瓠子，用酱油来煨煮。王瓜也可以用同样的方法来烹制。

将鲜鱼切片先炒，加瓠子，同酱汁煨。黄瓜亦然。

◆ 煨木耳、香蕈 ◆

扬州定慧庵僧人，可以将木耳煨成二分厚，将香蕈（菇）煨成三分厚。但首先要先将蘑菇熬成卤汁才能做这道菜。

扬州定慧庵僧，能将木耳煨二分厚，香蕈三分厚。先取蘑菇熬汁卤。

◆ 煨鲜菱 ◆

煨煮新鲜菱角要用鸡汤来烧煮，临上桌前先将汤汁倒掉一半。从水塘中现摘的菱角才新鲜，浮出水面的菱角才嫩。加入新出产的栗子、白果一同煨烂，味道会更好。或者用糖来煨煮也可以。当成点心吃，也是不错的选择。

煨鲜菱，以鸡汤滚之。上时将汤撤去一半。池中现起者才鲜，浮水面者才嫩。加新栗、白果煨烂尤佳；或用糖亦可。作点心亦可。

冬瓜

冬瓜的用处最多，可以用来拌燕窝、鱼肉、鳗鱼、鳝鱼或火腿。扬州定慧庵所烹制的冬瓜尤其好吃。颜色血红得像琥珀，一点都不需要加入荤汤。

神奇冬瓜茶

冬瓜的生长期很长，多半是在夏天播种，初冬时收获。杜甫的《孟冬》诗中有："破甘霜落爪，尝稻雪翻匙"的句子，说明了冬瓜必须在落霜时节才能收成。

相传当年郑成功包围赤嵌城的荷兰军队时，久攻不下，但荷兰军队也已经弹尽粮绝，既没有水源也没有粮食，于是郑成功就派人挑了一桶放了泻药的冬瓜茶进城，荷兰军队大喜，喝了冬瓜茶之后却人人泻肚子，第二天就弃城投降了。

冬瓜有润肺、减肥的功效，可以消除水肿。但冬瓜性寒，不可以过量食用。

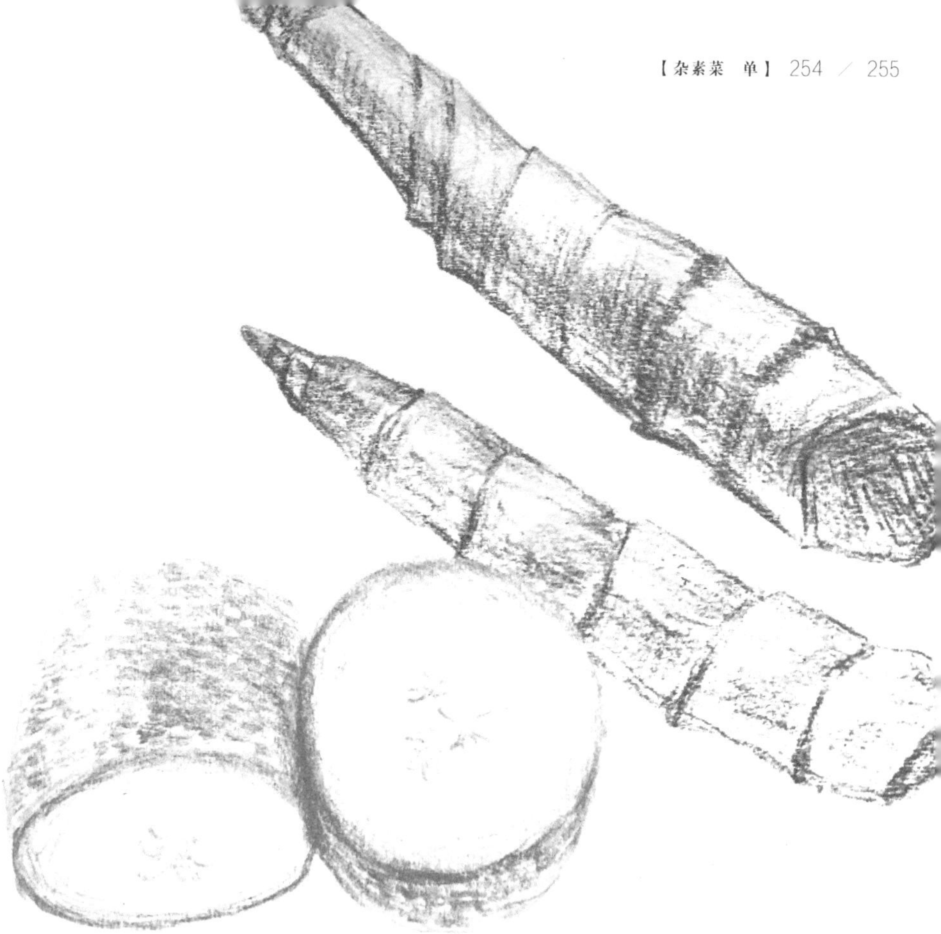

冬瓜之用最多。拌燕窝、鱼肉、鳗、鳝、火腿皆可。扬州走慧庵所制尤佳。红如血珀，不用荤汤。

豇　豆

豇豆炒肉，临上桌前要先去掉肉，只留豇豆在碟子里。吃豇豆要选用很嫩的，吃之前要先将豇豆边的筋撕掉。

豇豆炒肉，临上时去肉存豆。以极嫩者，抽去其筋。

芋煨白菜

先把芋头煨得很烂，再放入白菜心一起煨煮，加入酱油调味，这是最好吃的家常菜。但白菜一定要选用新鲜采摘、肥嫩的，颜色太青就老了，摘下来的时间太久，白菜会干枯不够鲜嫩。

原文

芋煨极烂，入白菜心烹之，加酱水调和，家常菜之最佳者。惟白菜须新摘肥嫩者，色青则老，摘久则枯。

问政笋丝

问政笋就是杭州笋。徽州人用来送人的多半是淡笋干，吃的时候必须用水泡软，然后再切成丝，用鸡肉汤炖熟之后才可以吃。龚司马拿酱油来煮笋，烘干之后上桌，徽州人吃了之后，惊叹这道菜味道十分独特。但我觉得他们如梦初醒的样子实在很好笑。

原文

问政笋，即杭州笋也。徽州人送者，多是淡笋干，只好泡烂切丝，用鸡肉汤煨用。龚司马取秋油煮笋，烘干上桌，徽人食之，惊为异味。余笑其如梦之方醒也。

◆ 香珠豆 ◆

八九月间晚收的毛豆，其豆粒又肥又大而且鲜嫩，称为“香珠豆”。将毛豆煮熟之后，放在酱油和酒中浸泡。可以去壳，也可以带壳，香软好吃。与此相比，一般的毛豆实在不值得吃。

毛豆至八九月间晚收者，最阔大而嫩，号“香珠豆”。煮熟以秋油、酒泡之。出壳可，带壳亦可，香软可爱。寻常之豆，不可食也。

◆ 马　兰 ◆

马兰头菜要摘取嫩叶，加入醋，配笋子拌着吃。吃了油腻的食物之后再吃马兰头菜，有醒脾的作用。

原文

马兰头菜，摘取嫩者，醋合笋拌食。油腻后食之，可以醒脾。

◆ 杨花菜 ◆

三月间南京盛产的杨花菜，柔而脆，就如同菠菜一样，菜名听起来也很雅致。

原文

南京三月有杨花菜，柔脆与菠菜相似，名甚雅。

饭粥单

粥与饭是饮食的根本，其余的各式菜肴则都不是主食。立好根本，其他的营养就会应运而生。因而撰写《饭粥单》。

粥饭本也，余菜末也。本立而道生。作《饭粥单》。

饭

王莽说："盐是百种菜肴的将领。"我却说："饭才是百种滋味的根本。"《诗经》中说："沙沙的淘米声音热闹得很，蒸饭喷出来的香气四处弥漫。"可见古人也吃蒸饭。然而始终都在嫌弃蒸出来的饭，米汁都无法锁在饭里。会做饭的人，虽然是用水煮饭，但和蒸出来的饭一样，粒粒分明，入口松软香糯。其诀窍有四种：一是要用上好的米，例如用"香稻米""冬霜米""晚米""观音米"或"桃花米"等优质品种。米要舂得极细，黄梅天时要经常摊开翻晾曝晒，不要让米发霉或者结成块；二是要善于淘米，淘米时要多花些工夫，用手仔细揉搓，要搓到水从米中沥出来时，洁净如清水一般，丝毫没有米的颜色；三是要掌握用火的方法，先用大火然后再用小火，入锅和起锅的时间也要掌握得恰到好处；四是要依照米的量去放等比例的水，不能多也不能少，煮出来的饭才能干湿合宜。常常看到那些富贵人家，只讲究菜肴的精致，却不太讲究米饭的品质。这样就好似舍本逐末，实在是太可笑了。我不喜欢用汤来浇饭吃，那是因为我讨厌因此失去了米饭本来的味道。若是汤确实是好喝的汤的话，宁可喝一口汤，吃一口饭，二者前后分开来吃，才能做到两全其美。如果实在万不得已，那就用茶、开水去泡饭，这样还不至于会失去米饭的真正味道。米饭的甘美滋味，远远超过各种食物的香气。真正知味懂味的人，遇到好吃的米饭，就可以不用吃菜了。

吃饭是件重要的事

“饭”作为中国人的主食，除了饮食需要，常常也被当成一种问候语。人们打招呼喜欢问对方：“吃饭了吗?”民以食为天，从问候语就能知晓。原始社会是没有一日三餐的概念的，“饥则求食，饱则弃余”。直到进入农耕社会之后，饭和粥一直都是人们的主要食物。秦汉时期流行早、晚“两餐”，朱熹《集注》中记载有：“朝日饔，夕日餐”。当时的人喜欢吃一种晒干得没有水分的真正干饭，叫作“糒”，人们将晒干的饭储存在陶罐里，随时想吃就随时取出来吃。吃的时候将干饭丢进汤水中，叫作“餐”，在《说文解字》的食部中，将这种饭称为“水浇饭”；如果是用米与大豆一起烹制而成的，就称为“糗”，二者并称为“糗糒”。

后来才有了一日三餐，现代人甚至还要加上消夜，成了一日四餐。现代人吃的米饭，也早已五花八门。像上海人喜欢吃菜饭，广东人喜欢吃烧腊蒸饭，各取所好。米的品种也经过一再的改良，软硬皆有，香味各自不同，但要煮出一碗香喷喷的米饭，确实还是需要下一点真功夫的。

王莽云：“盐者，百肴之将。”余则曰：“饭者，百味之本。”《诗》称：“释之叟叟[①]，蒸之浮浮[②]。”是古人亦吃蒸饭。然终嫌米汁不在饭中。善煮饭者，虽煮如蒸，依旧颗粒分明，入口软糯。其诀有四：一要米好，或“香稻”，或“冬霜”，或“晚米”，或“观音籼”，或“桃花籼”，舂之极熟，梅天风摊播之，不使惹黴发疹。一要善淘，淘米时不惜工夫，用手揉擦，使水从箩中淋出，竟成清水，无复米色。一要用火，先武后文，闷起得宜。一要相米放水，不多不少，燥湿得宜。往往见富贵人家，讲菜不讲饭。逐末忘本，真为可笑。余不喜汤浇饭，恶失饭之本味故也。汤果佳，宁一口吃汤，一口吃饭，分前后食之，方两全其美。不得已，则用茶、用开水淘之，犹不夺饭之正味。饭之甘，在百味之上；知味者，遇好饭不必用菜。

注释①【释之叟叟】释之，是指用水淘米；叟叟，是指淘米的声音。

②【蒸之浮浮】浮浮，热气升腾的样子。

粥

只能看得到水而看不见米的，不叫粥；只能看见米而看不见水的，那也不叫粥。一定要让水米交融，柔腻成一体的，才能称得上是粥。尹文端公说："宁可让人等粥，也不能让粥等人"。这真是一句至理名言，要防止因为灶火不济，停止燃烧而使粥的味道变了，汤也干了。最近有人煮鸭粥，往粥里加了荤腥的食材；也有人做八宝粥，往粥里加入了果干等，这些做法都使粥失去了原来的滋味。如果实在不得已，夏天就用绿豆加入粥里熬煮，冬天则把黍米加入粥里熬，用五谷来添加五谷的滋味，还算不会太影响粥的滋味。我曾经在某位观察家中用餐，各种菜肴都烹制的还不错，但是蒸饭煮粥却十分粗糙，我只能勉强咽下去，回来就大病了一场。针对这件事我曾经开玩笑说："这是五脏庙里的五脏神落了难，自然是经受不起这样的折磨。"

粥的历史

粥，又称稀饭或糜，是一种用稻米、小米或玉米等粮食煮成的稠糊食物。在不同的地方，煮出来的粥各有不同的浓稠度，而不同的地方对粥也有不同的称呼。

食粥在中国已经有数千年的历史，是中国一种独特的传统饮食方法。晋朝孔晁注《周书》中有"黄帝始烹谷为粥"的说法，古时候凡是粳、粟、粱、黍、麦等粮食作物都可以用来煮粥，现在大部分是用粳米、粟米（小米）或糯米来熬粥。

粥不仅是可以当作主食、充饥的食物，早在先秦时期已经被用来当成治疗疾病之用。汉代医圣张仲景在用药治病之外也很重视粥的运用，例如在《伤寒论》桂枝汤中说道："服已须臾，啜热稀粥一升余，以助药力。"《礼记·月令》中记载"养衰老，授几杖，行糜粥"；《史记·扁鹊仓公列传》记载着西汉名医淳于意用火齐粥来治疗齐王的病。

唐代杨晔的《膳夫经手录》中记载了用茶叶煮成的粥，称为"茗粥"；唐代诗人储光羲更有《吃茗粥作》的诗句；苏东坡也说过："夜饥甚，吴子野劝食白粥，云能推陈致新，利膈益胃。粥既快美，粥后一觉，妙不可言。"

而清代学者黄云鹄所着的《广粥谱》一书，更记载了247种煮粥的方法，这可能是中国最早有关粥的专著了。

见水不见米，非粥也；见米不见水，非粥也。必使水米融洽，柔腻如一，而后谓之粥。尹文瑞公曰："宁人等粥，毋粥等人。"此真名言，防停顿而味变汤干故也。近有为鸭粥者，入以荤腥；为八宝粥者，入以果品：俱失粥之正味。不得已，则夏用绿豆，冬用黍米，以五谷入五谷，尚属不妨。余尝食于某观察家，诸菜尚可，而饭粥粗粝，勉强咽下，归而大病。尝戏语人曰："此是五脏神暴落难，是故自禁受不得。"

茶酒单

喝七碗茶能两腋生风，饮一杯酒能使人忘掉尘世烦恼，所以一定要饮用六清这几种饮品才行。因而撰写《茶酒单》。

七碗生风，一杯忘世，非饮用六清不可。作《茶酒单》。

茶

想泡杯好茶，必须先收藏上等的好水。水最好是用中冷、惠泉的水。但是一般的家庭怎么可能专设驿站来运送这种水呢？然而天然的泉水、雪水，却可以尽量地储藏一些。新汲取的水味道有些辣，储藏久一点的水则味道十分甘甜。我尝遍天下的茶，以武夷山顶所生产的，泡开之后颜色呈白色的茶叶为第一好茶。然而这种茶每年进贡到朝廷尚且数量不够，何况是在民间，那岂不是就更难喝到了？其次，再也没有其他的茶比得过龙井了。清明节之前采摘的茶叶叫“莲心”，这种茶的茶味太淡，必须多放一些茶叶才好；以下雨之前采摘的茶叶最佳，一芽一叶，绿得就像碧玉一般。收藏的方法是用小纸包好，每一包刚刚好四两，放进石灰缸里，每隔十天换一次石灰，缸口要用纸张盖好、扎紧，否则就会让气味散失掉，那么茶色就会变。烹煮茶叶时要用大火，并且用穿心罐来泡，水一滚开就马上泡，水沸久了味道就变了。如果是在水还没有滚开时就泡，茶叶会浮在水面上。茶一泡好就马上喝，若是用盖子紧盖杯子，那么茶的味道也会变。这些都是关键，不可以有丝毫差错。山西裴中丞曾经对别人说：“我昨日拜访随园时，这才喝上一杯真正的好茶。”唉！裴中丞是山西人，都能说出这种话。我却发现生长在杭州的士大夫，一入官场便开始喝熬煮许久的茶，茶的味道苦得像药似的，茶的颜色则红得像血一般。这就和那些脑满肠肥的人吃槟榔的做法一样。俗气啊！

原文

欲治好茶，先藏好水。水求中冷、惠泉。人家中何能置驿而办？然天泉水、雪水力能藏之。水新则味辣，陈则味甘。尝尽天下之茶，以武夷山顶所生，冲开白色者为第一。然入贡尚不能多，况民间乎？其次，莫如龙井。清明前者，号『莲心』，太觉味淡，以多用为妙；雨前最好，一旗一枪，绿如碧玉。收法须用小纸包，每包四两，放石灰坛中，过十日则换石灰，上用纸盖扎住，否则气出而色味全变矣。烹时用武火，用穿心罐，一滚便泡，滚久则水味变矣。停滚再泡，则叶浮矣。一泡便饮，用盖掩之则味又变矣。此中消息，间不容发也。山西裴中丞尝谓人曰：『余昨日过随园，才吃一杯好茶。』呜呼！公山西人也，能为此言。而我见士大夫生长杭州，一入宦场便吃熬茶，其苦如药，其色如血。此不过肠肥脑满之人吃槟榔法也。俗矣！除吾乡龙井外，余以为可饮者，胪列于后。

武夷茶

我向来不喜欢喝武夷茶，我嫌它喝起来又浓又苦像在喝药似的。但是丙午年（乾隆五十一年，1786年）的秋天，我到武夷山游玩，来到曼亭峰、天游寺等地。僧人和道士争相以武夷茶来款待我。他们使用的茶杯小得像胡桃一样，茶壶小的像香橼果，每一杯的容量都还不到一两。上口之后我都不忍心立即咽下去，而是先闻一闻茶香，再品一品茶味，慢慢地品尝体会茶的味道。果然茶的味道清香扑鼻，舌尖上还留着甘甜的滋味，一杯下肚之后，再喝一两杯，令人心旷神怡，性情立刻平稳下来不再烦躁。这时才开始发现龙井茶虽然清新但茶味太过淡薄。阳羡茶虽然好喝，但茶的韵味还是稍稍逊色。就像是玉与水晶两者互相比较那般，是品格不同的缘故。因此，武夷茶享有天下盛名，实在当之无愧。而且武夷茶可以冲泡三次，味道依旧浓郁，茶香并未散掉。

冻顶乌龙茶

冻顶乌龙茶是台湾省最著名的茶品。“冻顶”为地名，一种说法是指台湾省南投县鹿谷乡“麒麟潭”边的“冻顶山”；另一种说法是指台湾省南投县鹿谷乡“彰雅村”的“冻顶巷”。而“冻顶山”在清光绪20年《云林县采访册》中，写成“崬顶山”，源自客家话

"岽顶"而得名。

相传1855年（清朝咸丰年间），鹿谷乡的林凤池赴福建应试，高中了举人，衣锦还乡时，从武夷山带回36株青心乌龙茶苗，其中12株由"林三显"种在麒麟潭边的冻顶山。最早由冻顶山一带的茶农装瓮贩售，因此有"冻顶瓮装乌龙茶"之称。但也有另一种说法是世居鹿谷乡"彰雅村冻顶巷"的苏姓家族，其先祖于清朝康熙年间自祖国大陆移居台湾，乾隆年间已经在"冻顶山"开垦茶园。

目前最有名的冻顶乌龙茶产于台湾省南投县的鹿谷乡，主要是以青心乌龙为原料制成的半发酵茶。传统上，其发酵程度在30%左右。制茶过程中最独特的地方是在于：烘干之后，还需要再重复以布包成球状揉捻茶叶，使茶叶成半发酵、半球状，称为"布揉制茶"或"热团揉"。传统的冻顶乌龙茶带着明显的焙火味，近年亦有轻焙火制茶。此外，亦有"陈年炭焙茶"，是每年反复拿出来高温慢烘焙，所制造出的茶，甘醇后韵十足。

冻顶乌龙茶有几项特色：均为手工摘取，为一心三叶或者一心两叶；茶叶均成半球状，色泽呈墨绿色，边缘隐约为金黄色；冲泡之后，茶汤呈金黄偏琥珀色，带有果香或浓浓的花香，味道甘润醇厚，入喉回甘，带有明显的焙火韵味；茶叶展开后，外观有青蛙皮般的灰白点，叶间卷曲成虾球状，叶片中间呈淡绿色，叶底边缘镶红边，称为"绿叶红镶边"或者"青蒂、绿腹、红镶边"等。

原文

余向不喜武夷茶，嫌其浓苦如饮药。然丙午秋，余游武夷到曼亭峰、天游寺诸处。僧道争以茶献。杯小如胡桃，壶小如香橼，每斛无一两。上口不忍遽咽，先嗅其香，再试其味，徐徐咀嚼而体贴之。果然清芬扑鼻，舌有余甘，一杯之后，再试一二杯，令人释躁平矜，怡情悦性。始觉龙井虽清而味薄矣；阳羡虽佳而韵逊矣。颇有玉与水晶，品格不同之故。故武夷享天下盛名，真乃不忝。且可以瀹至三次，而其味犹未尽。

◆ 龙井茶 ◆

杭州的山茶，每一个地方所生产的茶都很清香，只不过以龙井茶为最好。每次我回乡扫墓，看坟地的人家都会送上一杯茶，茶绿水清，是富贵人家喝不到的好茶。

原文

杭州山茶，处处皆清，不过以龙井为最耳。每还乡上冢，见管坟人家送一杯茶，水清茶绿，富贵人所不能吃者也。

◆ 常州阳羡茶 ◆

阳羡茶的颜色呈深绿色，茶叶的形状像雀舌，也像大颗的米粒。味道比龙井茶还要浓一些。

原文

阳羡茶，深碧色，形如雀舌，又如巨米。味较龙井略浓。

◆ 金坛于酒 ◆

于文襄公家酿造的于酒，有甜、涩两种口味，以味道涩的为最好。于酒清澈入骨，颜色像松花。它的味道有点像绍兴酒，但比绍兴酒还要清冽一些。

原文

于文襄公家所造，有甜涩二种，以涩者为佳。一清澈骨，色如松花。其味略似绍兴，而清洌过之。

◆ 洞庭君山茶 ◆

洞庭湖的君山地区出产的茶，颜色、味道都和龙井相同，茶叶稍微宽一些，颜色也比龙井茶更绿，这个地区采摘的茶叶数量很少。方毓川巡抚曾经送给我两瓶茶叶，果然很好喝。后来又有人送我这种茶，但都不是真正的君山茶。

此外，例如，六安、银针、毛尖、梅片、安化等地所生产的茶，通通都要排在这些茶的后面。

原文

洞庭君山出茶，色味与龙井相同，叶微宽而绿过之，采掇最少。方毓川抚军曾惠两瓶，果然佳绝。后有送者，俱非真君山物矣。

此外六安、银针、毛尖、梅片、安化概行黜落。

◆ 常州兰陵酒 ◆

唐诗中有云:“兰陵美酒郁金香，玉碗盛来琥珀光”这样的诗句。我经过常州时，相国刘文定公用八年的陈酒来款待我，果然酒色有琥珀之光。然而味道实在是太浓厚了，不再有清远绵长的意境。宜兴有一种蜀山酒，和刘向国家的酒很相似。至于无锡酒，用天下第二泉来制造，本来是佳品，可是被一些市井商人粗制滥造，因而失去了淳朴的特性，实在是很可惜啊。据说也有好的酒，但我不曾喝过。

原文

唐诗有“兰陵美酒郁金香，玉碗盛来琥珀光”之句。余过常州，相国刘文定公饮以八年陈酒，果有琥珀之光。然味太浓厚，不复有清远之意矣。宜兴有蜀山酒，亦复相似。至于无锡酒，用天下第二泉所作，本是佳品，而被市井人苟且为之，遂至浇淳散朴，殊可惜也。据云有佳者，恰未曾饮过。

酒

我天生不善于饮酒，因此对于酒的评价过于严格，这样反而能品尝出酒的好坏。现在全国各地都在流行喝绍兴酒，然而，沧酒的清醇，寻酒的香洌，川酒的鲜美，难道都要排在绍兴酒之下吗？大概酒就要像那些有声望的耆老或者像博学之士那样，越陈就越珍贵吧，酒以刚刚开坛的最为好喝，正如谚语所说的“酒头茶脚”那般。温酒的时间不够则酒容易凉，温酒的时间过长则酒的味道就变老了，靠火太近酒会变味，必须隔水去温炖，并且要小心塞住漏气的地方，酒的味道才会好喝。现在我挑选可以喝的几种酒，一一罗列在下面。

各式各样的酒器

饮酒欢宴怎能缺少酒器。在古代，酒器更是一种地位、权势、官衔、阶层等的象征。在《礼记·礼器》中记载：“宗庙之祭，尊者举觯，卑者举角”，不同身份的人必须使用不同的饮酒器。中国传统的酒器大致有：爵、角、斝、觚、觯、觥、尊、卣、壶、罍、瓿、羽觞等形式。

秦汉时代开始流行漆制酒具，形制上基本继承了青铜酒器，最常见的饮酒器是漆制耳杯。在汉代，人们饮酒一般是席地而坐，酒樽放在中间，里面放着挹酒的勺，饮酒器具也置于地上，因此形状较为矮胖。魏晋时期开始流行坐在床上，酒具才慢慢变得较为瘦长。

到了唐代出现了桌子，因此才开始有了一些适于在桌上使用的酒具，例如，称为“偏提”的注子，形状像今日之酒壶，有喙，有柄，既能盛酒，又可注酒于酒杯中。宋代人也像现在的人一样，喜欢将黄酒温热之后再喝，因此，就发明了注子和注碗的组合。使用时将盛有酒的注子置于注碗当中，再往注碗里加入热水，即可温酒。明代的瓷制品酒器以青花、斗彩祭红酒器最具特色；而清代则有珐琅彩、素三彩、青花玲珑瓷及各种仿古瓷等多种形态的酒器。

除此之外，历史上还有一些用特殊材料制作的酒器，例如，用金、银、象牙、玉石或景泰蓝等材料制成的酒器。唐代诗人王翰有“葡萄美酒夜光杯”的诗句，据说夜光杯是玉石制成的酒杯，在黑暗中会隐隐闪着光。宋朝皇宫中还有一种叫鸳鸯转香壶的酒器，也极为稀珍，因为它能在一个壶中同时倒出两种酒。

原文

余性不近酒，故律酒过严，转能深知酒味。今海内动行绍兴，然沧酒之清，浔酒之冽，川酒之鲜，岂在绍兴下哉！大概酒似耆老宿儒，越陈越贵，以初开坛者为佳，谚所谓“酒头茶脚”是也。炖法不及则凉，太过则老，近火则味变，须隔水炖，而谨塞其出气处才佳。取可饮者，并列于后。

◆ 德州卢酒 ◆

卢雅雨转运使家所酿的酒，颜色像金坛于酒，但味道要比于酒还要稍微醇厚一些。

卢雅雨转运家所造，色如于酒，而味略厚。

◆ 四川郫筒酒 ◆

四川郫筒酒，酒色清澈见底，喝的时候像在饮梨汁或甘蔗汁，甚至不知道喝的是酒。但这种酒从四川相隔万里送过来，很少有不变味的。我喝过七次郫筒酒，只有在杨笠湖刺史木簰上所带来的那次最好喝。

郫筒酒，清冽澈底，饮之如梨汁蔗浆，不知其为酒也。但从四川万里而来，鲜有不味变者。余七饮郫筒，惟杨笠湖刺史木簰上所带为佳。

◆ 湖州南浔酒 ◆

湖州南浔酒，味道很像绍兴酒，却比绍酒还要清辣。同样以存放超过三年的最为好喝。

湖州南浔酒，味似绍兴，而清辣过之。亦以过三年者为佳。

◆ 溧阳乌饭酒 ◆

我一向不善于饮酒。丙戌年，我在溧水县叶比部家喝了乌饭酒，喝到第十六杯时，旁边的人都吓坏了，争相劝我不要再喝了。但我还喝不过瘾觉得有些扫兴，不舍得放手。这种酒是黑色的，味道十分甘甜，我实在无法用言语来表达其滋味的美妙。据说溧水县的风俗是生女儿时要酿一坛酒，用青精饭制作而成。等到女儿要出嫁时才能开坛饮酒。因此，至少也得等个十五六年。打开酒瓮时瓮中只剩下半坛酒，酒的质地浓厚能黏在唇舌上，香味都能飘到屋外去。

原文

余素不饮酒。丙戌年在溧水叶比部家，饮乌饭酒至十六杯，傍人大骇，来相劝止。而余犹颓然，未忍释手。其色黑，其味甘鲜，口不能言其妙。据云：溧水风俗，生一女必造酒一坛，以青精饭为之。俟嫁此女才饮此酒。以故极早亦须十五六年。打瓮时只剩半坛。质能胶口，香闻室外。

◆ 苏州陈三白酒 ◆

乾隆三十年，我在苏州周慕庵家喝酒。他家的酒味道鲜美，上口会黏在嘴唇上，倒在杯子里满而不溢。当我喝到第十四杯时，还不知道这是哪一种酒，问过之后，主人才说："这是珍藏了十多年的三白酒。"因为我喜欢喝，所以第二天周家又送来一坛酒，但却完全不是昨天喝的味道。实在差得太多了！人世间的好东西，实在是很难多得啊！按郑康成《周官》中的注解"盎齐"里说："盎者翁翁然。"如今的白酒，我怀疑就是这种酒。

原文

乾隆三十年，余饮于苏州周慕庵家。酒味鲜美，上口粘唇，在杯满而不溢。饮至十四杯，而不知是何酒，问之，主人曰："陈十余年之三白酒也。"因余爱之，次日再送一坛来，则全然不是矣。甚矣！世间尤物之难多得也。按郑康成《周官》注"盎齐"云："盎者翁翁然。"如今鄭白，疑即此酒。

绍兴酒

绍兴酒，就像清官廉吏一样，不掺一丝一毫的假，因此酒味才会如此醇真。绍兴酒又像德高望重的名士，历尽世事变化之后，品质才能更加地醇厚。所以存放不超过五年的绍兴酒是不能喝的，而掺了水的酒也存放不了五年。我经常说，绍兴酒就像名士，而烧酒则像个光棍一样。

金门高粱酒

金门高粱酒，产于金门的高粱酒，是属于烧酒类，最常见的酒精浓度高达58度，品质好，酒香独特。金门高粱酒使用金门特产旱地的高粱，并引金门水质甘甜的宝月神泉，与金门洁净的空气与气候条件，承袭古法技术所制造而成，以“清澈透明、质地纯净、芳香浓郁”而著名。

相传高粱酒的制造方法始于江苏洋河，之后传入金门。1950年，由叶华成开设“金城酒厂”。1953年，时任“国民党金门防卫司令官”的胡琏，将金城酒厂纳为“九龙江酒厂”，初期产品有金门红标大曲与金门高粱酒两种。直到1954年，才正式与台湾省“公卖局”签约，将散装的金门高粱酒销往台湾。

金门高粱酒主要的产品有：特级高粱酒（白金龙）、陈年特级高粱酒（黑金龙）、特选高粱酒、特优高粱酒、大曲酒、陈年大曲酒等。

绍兴酒，如清官廉吏，不掺一毫假，而其味方真。又如名士耆英，长留人间，阅尽世故，而其质愈厚。故绍兴酒不过五年者不可饮，掺水者，亦不能过五年。余常称绍兴为名士，烧酒为光棍。

金华酒

金华酒，有绍兴酒的清醇，却没有绍兴酒的涩味；有女贞酒的甘甜，却没有女贞酒的俗气。这种酒仍然以存放时间越长的越好喝。大概是金华这一带水质好的缘故。

专门制作酒器的人

早在商周时代，酿酒业和青铜器制造业就已经同样的发达了，而当时酒器制造业也空前繁荣。在商代还出现了“长句氏”和“尾勺氏”两个专门以制作酒具为生的氏族；到了周代专门制作酒具的称为“梓人”。

根据《殷周青铜器通论》研究记载，商周的青铜器分为食器、酒器、水器和乐器四大部，共五十类，其中酒器占二十四类。按用途分为煮酒器、盛酒器、饮酒器和贮酒器。除了酒器的类别，其样式也五花八门，其中以动物型的尊最为生动，例如，象尊、犀尊、牛尊、羊尊、虎尊等颇具特色。

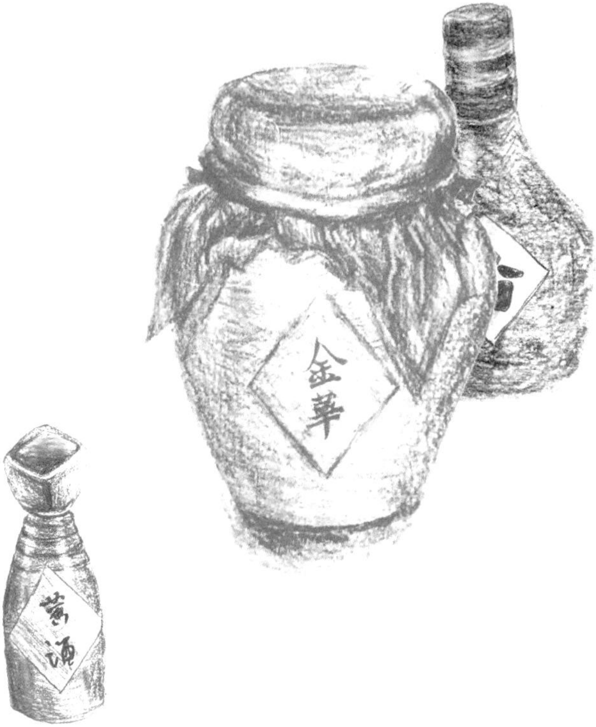

原文

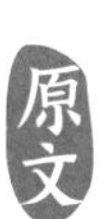

金华酒，有绍兴之清，无其涩；有女贞之甜，无其俗。亦以陈者为佳。盖金华一路水清之故也。

山西汾酒

既然要喝烧酒，那就要以度数高的酒为最好。汾酒是烧酒中最烈的。我形容烧酒是人群中的光棍、县衙中的酷吏。打擂台非得选光棍不可，除了盗贼，非酷吏不能；驱除风寒，消除体内积滞，也一样非烧酒不可。在汾酒之下，山东的高粱烧酒为第二烈的酒，如果能贮藏个十年，酒色会变成绿色，入口之后转成甜味，就像光棍做得久了，火气也都消失了，完全可以跟他做朋友。我曾经见到童二树家用十斤烧酒泡四两枸杞、二两仓术和一两巴戟天，再用布扎紧瓮口，一个月之后开瓮，酒气很香。如果吃猪头、羊尾、跳神肉之类的荤菜，非得要喝烧酒不可。这也是根据食物种类，各有各合适搭配的酒。

此外如苏州的女贞酒、福贞酒、元燥酒、宣州的豆酒、通州的枣儿红等，都是不入流的酒类，而其中最差劲的要数扬州的木瓜酒，一入口便觉得俗不可耐。

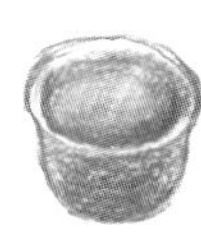

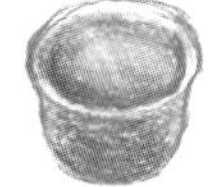

原文

既吃烧酒，以狠为佳。汾酒乃烧酒之至狠者。余谓烧酒者，人中之光棍，县中之酷吏也。打擂台，非光棍不可；除盗贼，非酷吏不可；驱风寒、消积滞，非烧酒不可。汾酒之下，山东高粱烧次之，能藏至十年，则酒色变绿，上口转甜，亦犹光棍做久，便无火气，殊可交也。常见童二树家，泡烧酒十斤，用枸杞四两，仓术二两、巴戟天一两，布扎一月开瓮，甚香。如吃猪头、羊尾、跳神肉之类，非烧酒不可，亦各有所宜也。

此外如苏州之女贞、福贞元燥，宣州之豆酒、通州之枣儿红，俱不入流品，至不堪者，扬州之木瓜也，上口便俗。

小菜单

小菜是用来作为主菜的辅助食物的，就如同官府中的小官员辅助大官员工作一样。开胃醒脾，去除体内的秽气，全靠小菜。因此撰写《小菜单》。

小菜佐食，如府吏胥徒佐六官也。醒脾解浊，全在于斯。作《小菜单》。

笋　脯

会制作笋干的地方非常多，其中以自家园子里烘烤的品质最好。选取新鲜竹笋加盐煮熟，放在篮子里去烘制。制作时要不分日夜不停地查看，只要火稍微不够旺就会让笋干品质不佳。加入清酱的竹笋，颜色会变得稍微黑一些。春笋、冬笋都可以用来制作笋干。

原文

笋脯出处最多，以家园所烘为第一。取鲜笋加盐煮熟，上篮烘之。须昼夜环看，稍火不旺则滚矣。用清酱者，色微黑。春笋、冬笋皆可为之。

玉兰片

烘烤冬笋片，必须稍微加一点蜂蜜。苏州孙春阳家有咸味、甜味两种玉兰片，其中以咸味的比较好吃。

原文

以冬笋烘片，微加蜜焉。苏州孙春阳家有咸、甜二种，以咸者为佳。

素火腿

处州出产的笋干，有“素火腿”的称号，也就是处片。放久了会变得太干硬，不如自己买毛笋来烘制会更好。

原文

处州笋脯号“素火腿”，即处片也。久之太硬，不如买毛笋自烘之为妙。

◆ 宣城笋脯 ◆

宣城笋尖，颜色黝黑而且肥厚，跟天目笋的外观大同小异，是很好的佐食。

宣城笋尖，色黑而肥，与天目笋大同小异，极佳。

◆ 人参笋 ◆

将细竹笋制作成人参的形状，处理时稍微加一点蜂蜜水。扬州人把这种佐食看得很珍贵，因此售价也很贵。

制细笋如人参形，微加蜜水。扬州人重之，故价颇贵。

◆ 糟　油 ◆

糟油出产于太仓州，越是陈年的糟油其品质越好。

糟油出太仓州，愈陈愈佳。

◆ 春　芥 ◆

把芥菜心先风干、再剁碎，腌熟之后放进瓶子中，称为“挪菜”。

取芥心风干、斩碎，腌熟入瓶，号称“挪菜”。

天目笋

天目笋大多是在苏州的市面上销售的。其中以放在篓子最上面的品质最好，篓子表面两寸以下的，就比较容易掺杂一些带有老根硬节的。必须要出比较高的价钱专门买篓子最上面那数十条笋，就像集腋成裘，积少成多的道理。

食笋

《诗经》中就有吃笋的记录：“其蔌维何，维笋及蒲”，这是中国人吃笋的最早记录。

欧阳修有“冻雷惊笋欲抽芽”的诗句，而白居易则有《食笋》的诗句：“每日逢加餐，经时不思肉。”能吃到竹笋的美味，都可以忘掉肉的滋味了。

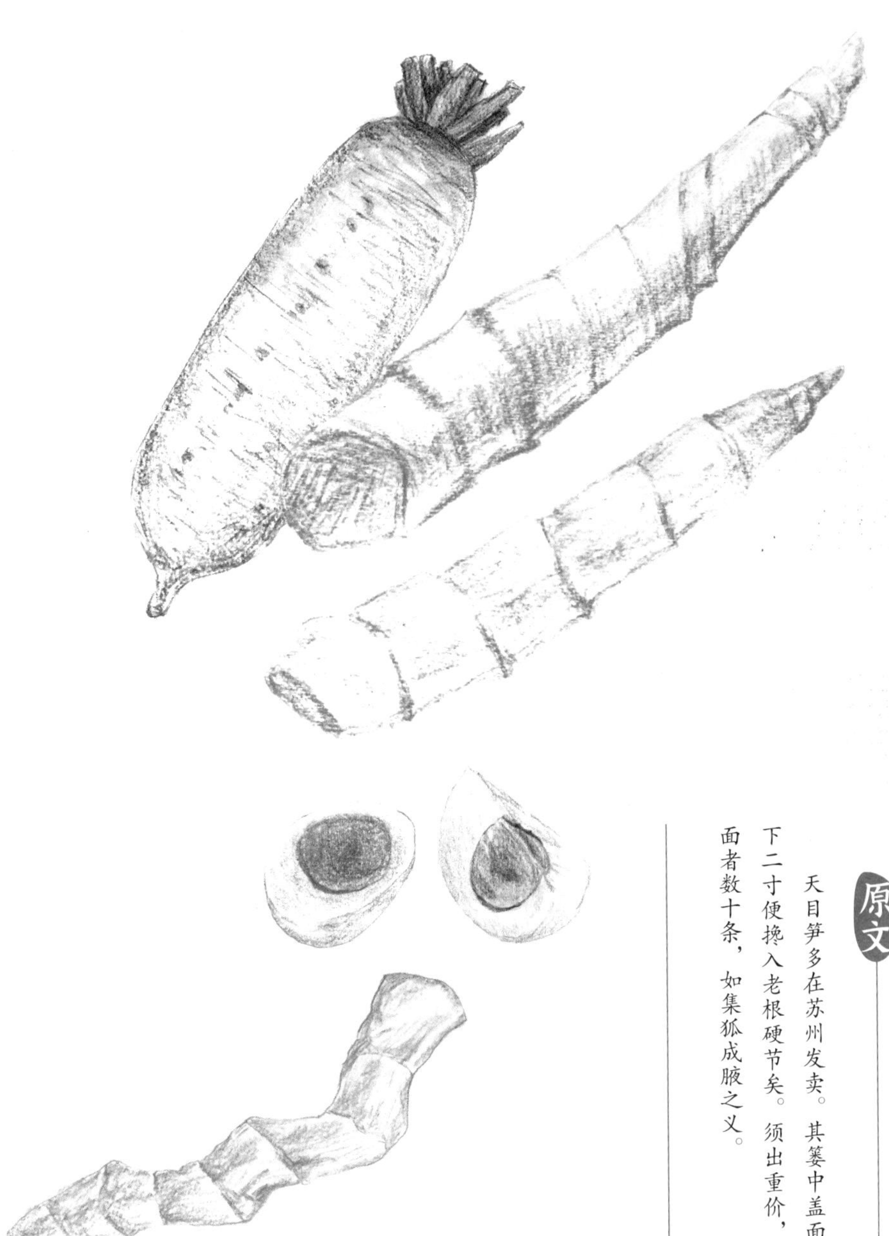

原文

天目笋多在苏州发卖。其篓中盖面者最佳，下二寸便搀入老根硬节矣。须出重价，专买其盖面者数十条，如集狐成腋之义。

笋油

挑选十斤竹笋，蒸一天一夜，在将笋节穿通，将它铺在木板上，像做豆腐那样，上面用木板去压榨它，让笋汁流出来，然后加炒盐一两，这就是笋油了。压榨过的笋晒干之后仍然可以做成笋干。天台山的僧侣经常用这种笋干来送人。

绝配

竹笋和什么搭配最好吃？李渔有一段文章说得最透彻：“以之伴荤，则牛羊鸡鸭等物，皆非所宜，独宜于豚，又独宜于肥。肥非欲其腻也，肉之肥者能甘，甘味入笋，则不见其甘而但觉其鲜之至也。”肥猪肉和笋最搭配，而且很显然李渔认为猪肉是为了衬托笋的美味，笋才是真正的主角。

笋十斤，蒸一日一夜，穿通其节，铺板上，如作豆腐法，上加一板压而榨之，使汁水流出，加炒盐一两，便是笋油。其笋晒干仍可作脯。天台僧制以送人。

◆ 虾　油 ◆

买几斤虾子，加上酱油一起入锅熬煮。起锅时先用布将酱油沥掉，再用布把虾子包好，一起放到盛有油的罐子里就可以了。

原文

买虾子数斤，同秋油入锅熬之，起锅用布沥出秋油，乃将布包虾子，同放罐中盛油。

◆ 喇虎酱 ◆

把秦椒捣烂之后与甜酱一起蒸熟，也可以加入一些虾米。

原文

秦椒捣烂，和甜酱蒸之，可用虾米掺入。

◆ 莴　苣 ◆

吃莴苣的方法有两种：新鲜腌制的，松脆可口；或者是将它腌制成菜干，切片来吃，味道十分鲜美。但是还是要以味道清淡些的比较好，太咸的莴苣味道很差。

原文

食莴苣有二法：新酱者，松脆可爱；或腌之为脯，切片食甚鲜。然必以淡为贵，咸则味恶矣。

◆ 香干菜 ◆

将春芥心风干，把芥心的梗择取下来，稍微加点盐来腌制，晒干之后，加入酒、糖、酱油，拌匀之后再蒸熟，然后将它风干，放入瓶中即可。

原文

春芥心风干，取梗淡腌，晒干，加酒、加糖、加秋油，拌后再加蒸之，风干入瓶。

◆ 冬 芥 ◆

冬芥又叫雪里红。一种做法是将冬芥整棵拿来腌制，口味以清淡的较好；另一种做法是将冬芥的菜心先风干，然后剁碎，再放进瓶子里腌制，等到腌透后放入鱼羹中，味道十分鲜美。也可以用醋来煨，放入锅中当作辣菜，煮鳗鱼、鲫鱼食配上这种冬芥最好吃。

原文

冬芥名雪里红。一法整腌，以淡为佳；一法取心风干、斩碎，后腌入瓶中，熟后杂鱼羹中，极鲜。或用醋煨入锅中作辣菜亦可，煮鳗鱼、鲫鱼最佳。

◆ 牛首腐干 ◆

豆腐干以牛首僧制作的最好吃，但是在山下卖这种豆腐干的有七家，只有晓堂和尚家制作的豆腐干最好吃。

原文

豆腐干以牛首僧制者为佳。但山下卖此物者有七家，惟晓堂和尚家所制方妙。

熏鱼子

烟熏鱼子的颜色类似琥珀，以多油的为上品。出自苏州孙春阳家的熏鱼子，越新鲜越好吃，时间放长了味道就会变掉，而且油挥发之后也会变得枯柴难吃。

鱼子酱

要论西方的三大美味食物，则非鹅肝、松露、鱼子酱莫属。吃西餐时的第一道开胃菜，通常都是以咸和酸为主，最常见的便是鱼子酱、鹅肝酱、熏鲑鱼等。

鱼子酱是由鱼卵所制成的酱，源自土耳其，是波斯贵族们的最爱。俄国沙皇对鱼子酱也情有独钟，导致鱼子酱迅速传入欧洲，身价百倍。

鱼子酱以伊朗和俄罗斯接壤的里海所产的鱼子酱品质最好。吃鱼子酱的时候，不要用牙齿咬，而是要用舌头将鱼子的卵壁顶破，感受汁液流入口中的浓郁滋味，以及舌尖因鱼子酱爆涌而出的快乐感受。

原文

熏鱼子色如琥珀，以油重为贵。出苏州孙春阳家，愈新愈妙，陈则味变而油枯。

腌冬菜、黄芽菜

腌制的冬菜与黄芽菜，味道淡的鲜美，味道咸的有臭味。但如果想要长时间的存放，那就必须要多用盐。我曾经腌过一大坛，到了三伏天的时候揭开盖子，上半坛虽然已经臭掉或烂掉了，但下半坛的却味道非常香且美味，颜色像玉一样白，真的很棒！这就像是在选拔人才，不可以貌取人。

朝鲜族辣白菜

现在腌菜中最有名的应数朝鲜族辣白菜。但其实腌菜早在3000多年前便开始在中国以“菹”为名出现，直到三国时期才传入朝鲜。泡菜使用的主要食材：大白菜，也并非是朝鲜半岛的土产，而是在中国明朝时期传入的。

韩式泡菜最初称为“沉菜”，是利用当地蔬菜制成的酸菜或咸菜，因腌制过程要将菜沉于水中因而得名。根据韩史《三国史记》中的记载，神文王于公元683年娶王妃时下令准备的聘礼中就包含了酱油、大酱和腌制的酱菜等。当时的泡菜可能是以腌萝卜、咸菜和酱菜为主。

泡菜是一种发酵食品，通常配着米饭一起吃。韩式泡菜的热量低，富含纤维素、维生素A、维生素B、维生素C并含有一种对人体有益的乳杆益生菌，被美国时代华纳《健康杂志》评为世界五大最健康食品之一。

原文

腌冬菜、黄芽菜，淡则味鲜，咸则味恶。然欲久放，则非盐不可。尝腌一大坛，三伏时开之，上半截虽臭、烂，而下半截香美异常，色白如玉，甚矣！相士之不可但观皮毛也。

◆ 芥　头 ◆

将芥菜头切片，放进芥菜中一起腌制，吃起来非常爽脆。或者用整棵芥菜腌制，晒干之后做成菜干，吃起来更棒。

原文

芥根切片，入菜同腌，食之甚脆。或整腌，晒干作脯，食之尤妙。

◆ 芝麻菜 ◆

将腌好的芥菜晒干，剁得很碎，蒸熟之后吃，称为“芝麻菜”。这道菜比较适宜老人吃。

原文

腌芥晒干，斩之碎极，蒸而食之，号“芝麻菜”。老人所宜。

◆ 风瘪菜 ◆

把冬菜心取出来风干，腌制之后将卤汁榨出来，放进小瓶子里装好，再用泥将瓶口封好，倒放在灰上。这种小菜夏天吃的时候，颜色泛黄，味道闻起来很清香。

原文

将冬菜取心风干，腌后榨出卤，小瓶装之，泥封其口，倒放灰上。夏食之，其色黄，其臭香。

◆ 糟　菜 ◆

挑选腌制好的风瘪菜，用菜叶包好，每一个小包上铺一层香糟，层层重叠放进坛子里。吃的时候，只要打开小包，香糟不会沾到菜上面，但菜里却有糟香味。

原文

取腌过风瘪菜，以菜叶包之，每一小包铺一面香糟，重叠放坛内。取食时，开包食之，糟不沾菜，而菜得糟味。

◆ 酸　菜 ◆

将冬菜心风干之后稍微腌制一下，加入糖、醋和芥末，连卤汁一起倒入罐子里，也可加少许的酱油。宴席间，在酒醉饭饱之后，吃一些这种酸菜，具有减轻脾脏负担和解酒的功能。

原文

冬菜心风干微腌，加糖、醋、芥末，带卤入罐中，微加秋油亦可。席间醉饱之余食之，醒脾解酒。

◆ 台菜心 ◆

把春天的台菜心腌制之后，榨出卤汁，再装进小瓶里，可以在夏天时吃。风干台菜花，也就是俗称的菜花头，可以用来烹煮肉类。

原文

取春日台菜心腌之，榨出其卤，装小瓶之中。夏日食之。风干其花，即名菜花头，可以烹肉。

腐干丝

将上好的腐干切成极细的丝，再用虾子和酱油拌着吃即可。

九丝汤

乾隆皇帝下江南的御宴中有一道菜叫“九丝汤”，根据《调鼎集》的记载是用：“火腿丝、笋丝、银鱼丝、木耳、口蘑菇、千张、腐干、紫菜、蛋皮、青笋，或加海参、鱼翅、蛏干、燕窝俱可。”所烹制而成的。其中的腐干丝要切得细如纱线，在汤内吸足了火腿和鸡汤的鲜味，于是便有人把九丝汤称为煮干丝。

原文

将好腐干切丝极细，以虾子、秋油拌之。

◆ 茭瓜脯 ◆

把茭瓜放进酱料中腌制一下，再将茭瓜取出来风干，切成片制作成菜干，味道与笋干很类似。

茭瓜入酱，取起风干，切片成脯，与笋脯相似。

◆ 吐　蛈 ◆

吐蛈产自兴化、泰兴一带。有初生非常嫩的吐蛈，用酒酿浸泡，加糖之后它就会自己吐出它的油，称为泥螺，吐蛈以没有泥的比较好吃。

原文

吐蛈出兴化、泰兴。有生成极嫩者，用酒酿浸之，加糖则自吐其油，名为泥螺，以无泥为佳。

◆ 酱石花 ◆

将石花菜清洗干净之后放入酱料中，要吃的时候再把酱料洗掉。这道菜又叫“麒麟菜”。

原文

将石花洗净入酱中，临吃时再洗。一名“麒麟菜”。

◆ 石花糕 ◆

将石花熬煮到烂熟之后，制成膏状，吃的时候就用刀子划开，颜色像蜜蜡一样。

将石花熬烂作膏，仍用刀划开，色如蜜蜡。

◆ 小松菌 ◆

将酱油和松菌一起放进锅子中煮熟，等到收汁之后酒可起锅，再加入麻油，一起放进罐子里。可以吃两天，时间久了味道会变。

将清酱同松菌入锅滚热，收起，加麻油入罐中。可食二日，久则味变。

◆ 酱王瓜 ◆

在王瓜刚生长的时候，选择细的王瓜放进酱料中腌制，口感脆而且味道鲜美。

王瓜初生时，择细者腌之入酱，脆而鲜。

萝卜

挑选比较肥大的萝卜，用酱腌一两天就可以吃，味道甜脆可口。有一个姓侯的女尼姑，能将萝卜做成干菜，煎出来的萝卜像蝴蝶的形状，有一丈多长，片片相连，连续不中断，也是一种奇观。承恩寺有卖萝卜，用醋腌制，腌制的时间越长越好吃。

吃萝卜的禁忌

俗话说“冬天的萝卜赛人参”。白萝卜是冬天的时令食物，含有非常多的营养成分，包括维生素A、维生素B、维生素C、维生素D及维生素E，属于寒凉的蔬菜。萝卜有消食、除痰润肺、清热生津、消除积滞之气等功效，特别适合大便不通畅、胃胀、胃酸逆流、咳嗽痰多的人食用。

萝卜适合与豆腐、猪肉一起吃，但不适合与人参（会减低补益功效）、红萝卜（其酵素会破坏白萝卜中的维生素）、木耳（容易导致皮肤过敏）、菠萝（会诱发甲状腺肿大）、柿子（会诱发甲状腺肿大）。

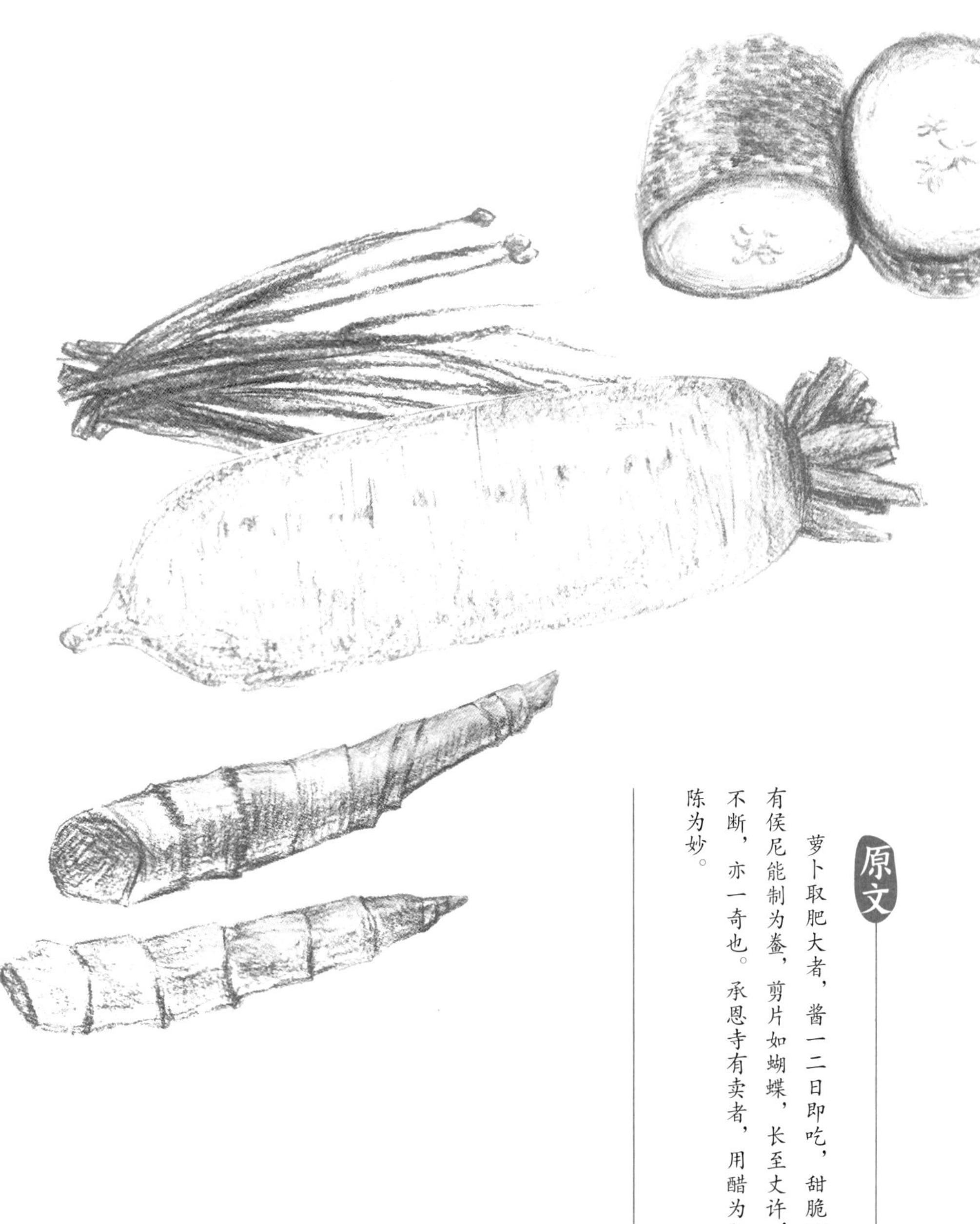

原文

萝卜取肥大者，酱一二日即吃，甜脆可爱。有侯尼能制为鲞，剪片如蝴蝶，长至丈许，连翩不断，亦一奇也。承恩寺有卖者，用醋为之，以陈为妙。

乳腐

豆腐乳，以苏州温将军庙前卖的品质最好，颜色黝黑而且味道十分鲜美。有干的和湿的两类。有一种虾子乳腐也很鲜美，只是略为有点腥味。广西的白乳腐最好吃。王库官家制作的也很不错。

各种豆腐乳

豆腐乳，因地而异名称也各异，有称为乳腐、南乳、猫乳、豆乳、酱豆腐、糟豆腐等，是一种将豆腐利用微生物发酵、腌制并二次加工的豆类制品，是东亚饮食中常见的作料。

豆腐乳在我国各地口味各有不同，北京的豆腐乳偏甜（玫瑰腐乳）、云贵川的豆腐乳辣而辛香、江浙代表性的“绍兴腐乳”带着酒香。在湖南，因为“腐”“虎”谐音忌讳，所以豆腐乳称为“猫乳”。广西“桂林腐乳”200多年前就已经很出名，因此袁枚才会在此称“广西白乳腐最佳”。

原文

乳腐，以苏州温将军庙前者为佳，黑色而味鲜。有干、湿二种，有虾子腐亦鲜，微嫌腥耳。广西白乳腐最佳。王库官家制亦妙。

酱炒三果

将核桃、杏仁去皮，榛子不需去皮。先用油将三种果仁炸脆之后，再放入酱料，但不可炸得太焦。酱要放多少，必须看食材的多寡再作决定。

核桃、杏仁与榛子

四大坚果（榛子、核桃、杏仁、腰果）之一的核桃，原产于伊朗。东晋张华《博物志》中计载："张骞使西域，得还胡桃种"。核桃是食疗佳品，可配药，可生吃，可作糖燕，可烧菜，可煮粥，久服可轻身益气、延年益寿。

而杏仁含脂类和微量元素，可以使人肌肤有光泽，其含有维生素E，还可以抗氧化、去斑等功效。在《本草纲目》中说："巴旦杏，出回回旧地，今关西诸土亦有……壳薄而仁甘美，点茶食之，味如榛子，西人以充方物。"唐宋以来，许多宫廷中的嫔妃都认为吃杏仁可以增加体香，所以喜欢用甜杏仁来做茶点。

而吃榛子的历史也可以追溯到五六千年前的新石器时代，《诗经》中更有多篇写到榛子的民歌。《邶风》中的"山有榛"，《墉风》中的"树之榛栗"，《大雅》中的"榛楛济济"等。

原文

核桃、杏仁去皮，榛子不必去皮。先用油炸脆，再下酱，不可太焦。酱之多少，亦须相物而行。

海蜇

将嫩海蜇放在甜酒里浸泡腌制，有很独特的风味。表皮光滑的称为白皮，切成丝，可与酒、醋一同凉拌着吃。

用嫩海蜇，甜酒浸之，颇有风味。其光者名为白皮，作丝，酒、醋同拌。

虾子鱼

虾子鱼出产自苏州。小鱼天生就有鱼子。趁新鲜时煮来吃，比鱼干的味道还好。

子鱼出苏州。小鱼生而有子。生时烹食之，较美于鲞。

混套

把鸡蛋的外壳轻轻敲开一个小洞，再将蛋清、蛋黄倒出来，去掉蛋黄只留下蛋清。把煨好的浓鸡汤拌入蛋清中，用筷子长时间的搅拌它，使鸡汁与蛋清充分融合在一起，在将打好的鸡汁蛋清装回蛋壳中，用纸把蛋壳上的小孔封住，放进饭锅里蒸熟。蒸熟之后剥掉外壳，仍然像一颗完整的鸡蛋，这道菜的味道非常鲜美。

原文

将鸡蛋外壳微敲一小洞，将清、黄倒出，去黄用清，加浓鸡卤煨就者拌入，用箸打良久，使之融化，仍装入蛋壳中，上用纸封好，饭锅蒸熟，剥去外壳，仍浑然一鸡卵，此味极鲜。

腌蛋

腌蛋以高邮生产的品质最好，颜色鲜红而且油多。高文端公最喜欢吃这种腌蛋。宴席间他往往先夹腌蛋来敬客。腌蛋放在盘子里，适合带壳切开，蛋黄、蛋清一起吃；不可以留下蛋黄去掉蛋清，否则腌蛋的味道就不全面了，油也容易流失掉。

原文

腌蛋以高邮为佳，颜色红而油多。高文瑞公最喜食之。席间先夹取以敬客。放盘中，总宜切开带壳，黄、白兼用；不可存黄去白，使味不全，油亦走散。

酱瓜

将黄瓜腌制之后，风干放进酱料中再腌一下，就像酱姜的做法那样。想要它味道甜一点并不难，难的是想要让它脆一点。杭州施鲁箴家做的酱瓜最好吃。据说是腌制之后晒干了再腌一次，因而皮薄而且起皱折，吃起来香脆可口。

原文

将瓜腌后，风干入酱，如酱姜之法。不难其甜，而难其脆。杭州施鲁箴家制之最佳。据云：酱后晒干又酱，故皮薄而皱，上口脆。

大头菜

南京承恩寺出产的大头菜，放得越久，品质越好。放进荤菜中，最能提鲜。

原文

大头菜出南京承恩寺，愈陈愈佳。入荤菜中，最能发鲜。

酱姜

将嫩姜稍微腌制一下，先用粗酱来腌制，再用细酱来腌制，一共要腌制三次才能腌制好。古法是将一个蝉衣加入酱料中，姜可以长期存放，而且鲜脆细嫩无比。

食姜有诀窍

早在孔子的年代，人们就知道姜的重要性了。所以孔子不可一日无姜，强调他的饮食："不撤姜食"。

姜可以抗发炎、清肠胃、减轻痉挛和抽筋并且刺激血液循环。姜也是一种很好的抗氧化剂，对于疼痛和伤口是一种有效的杀菌剂，可以保护肝脏和胃，对治疗肠道疾病、关节炎、发烧、头痛、消化不良、肌肉疼痛、恶心和呕吐等都很有帮助。

而俗语说："早吃姜，补药汤。午吃姜，痨病戕。晚吃姜，见阎王。"说的就是姜最好在早上吃，过了中午之后就不要再吃姜了，否则容易伤肺。加上姜是宣发阳气的食物，人体在夜晚时应该收敛阳气，以养阴为主，若晚上吃姜会适得其反，不仅使人容易兴奋、影响心脏功能，无法安睡，更容易郁积内火，耗肺阴，伤肾水。

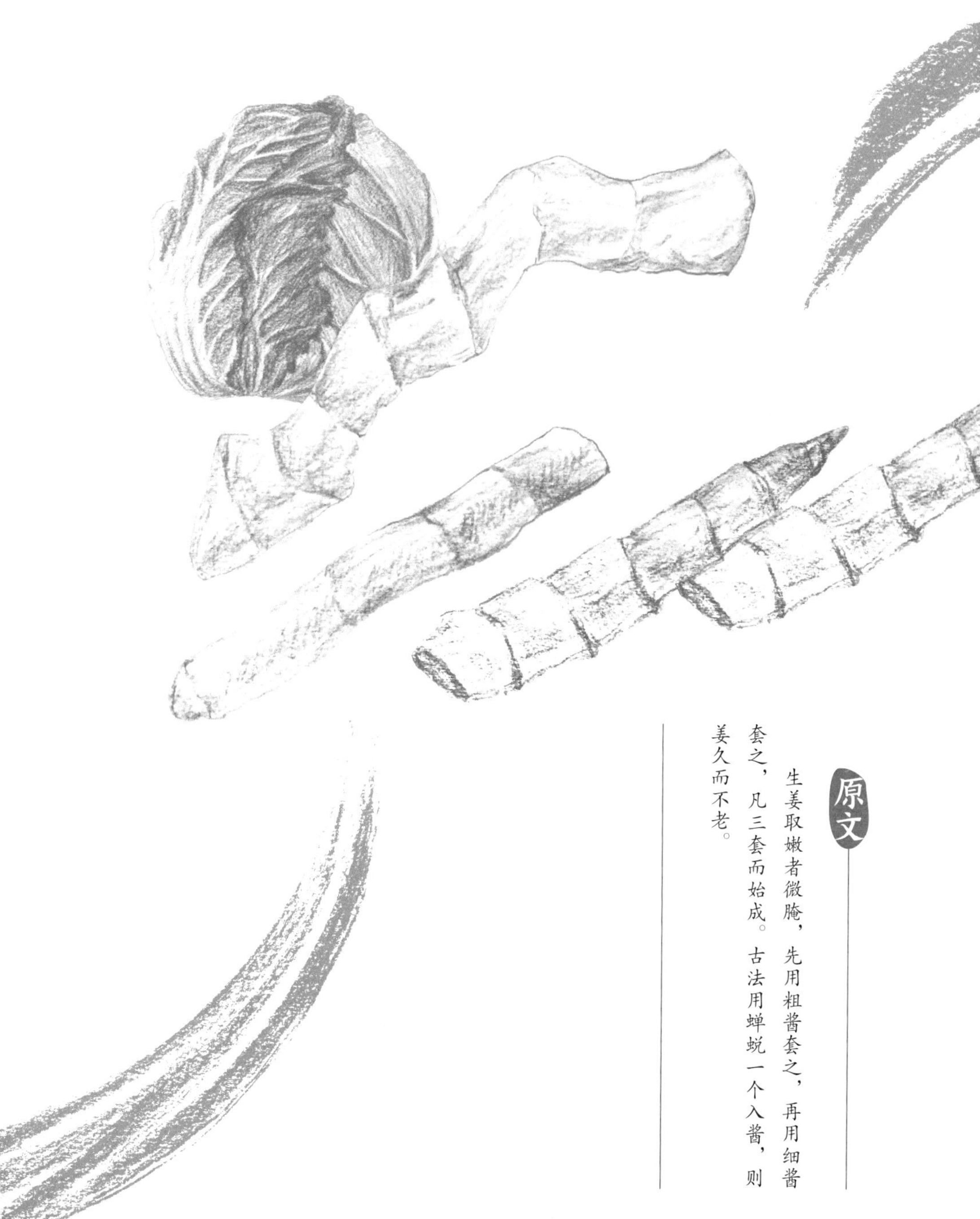

原文

生姜取嫩者微腌，先用粗酱套之，再用细酱套之，凡三套而始成。古法用蝉蜕一个入酱，则姜久而不老。

新蚕豆

挑选新鲜的嫩蚕豆，用腌制好的芥菜一起炒，味道很棒。不过蚕豆要随采随吃才好吃。

人类最早的粮食作物

蚕豆被人类栽培作为粮食的时间十分悠久，在公元前6000年已经有在东地中海区域栽种的记录，可能是人类最早期种植的作物种类之一。

蚕豆这个名称的由来，可以在元代农学家王祯的《农书》中看到："蚕时始熟，故名"；而明代医学家卢和在《食物本草》中也说："豆荚状如老蚕，故名"。

古希腊罗马认为蚕豆与冥界有关，认为这是一种不祥的食物，并将蚕豆用于葬礼仪式当中。古希腊著名数学家、哲学家毕达哥拉斯还认为蚕豆里有亡者的灵魂。

新鲜的蚕豆可以当作蔬菜，可以煮、炒、做汤等；干燥后的蚕豆可以长期保存；而中医则认为蚕豆性平味甘，具有益胃、利湿消肿、止血解毒的功效。患有G6PD缺乏症（蚕豆症）的人，千万不可接触、食用。

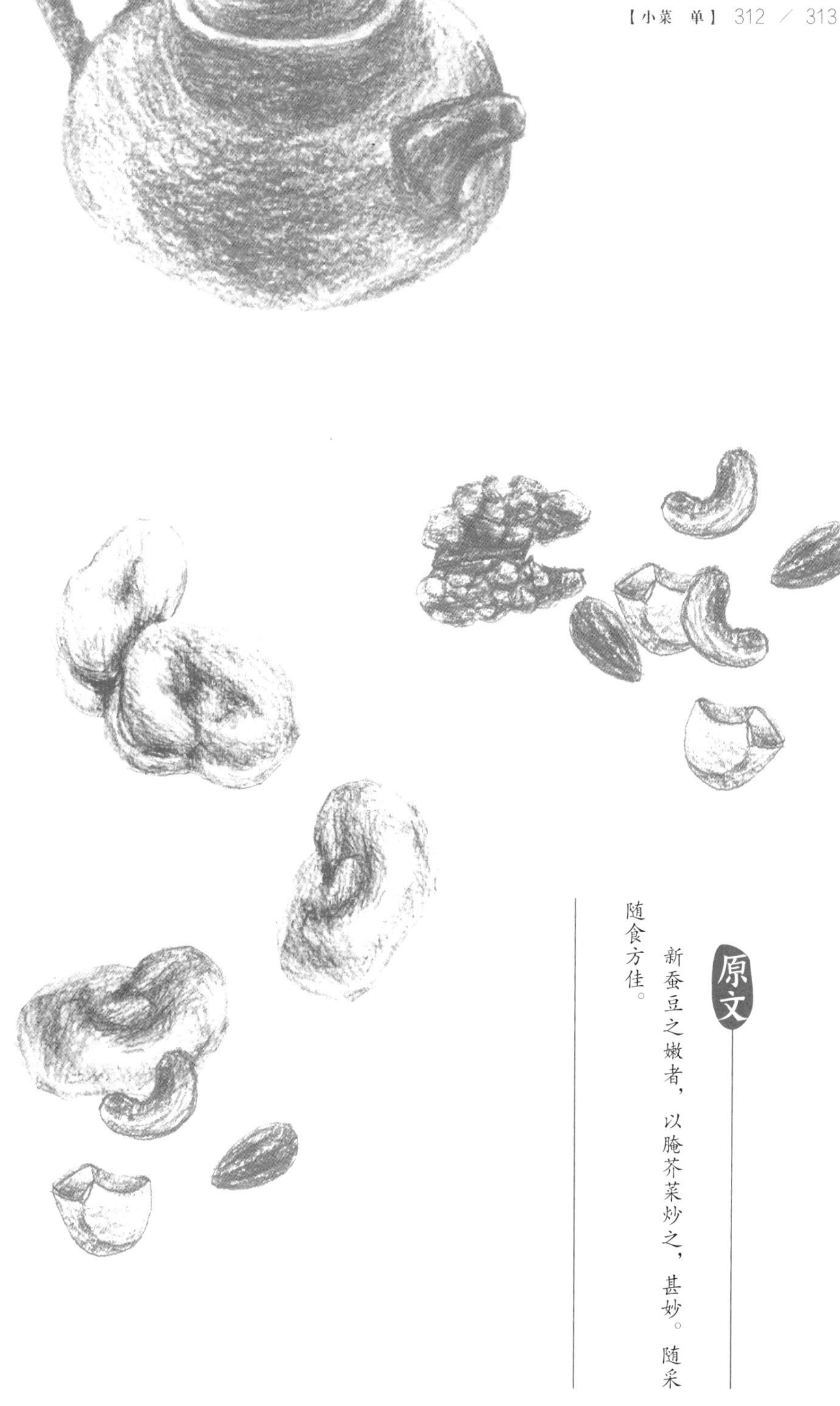

原文

新蚕豆之嫩者，以腌芥菜炒之，甚妙。随采随食方佳。

点心单

梁朝昭明太子认为点心是小食，郑傪嫂劝叔叔暂时先吃点小点心充充饥，可见得点心这个名称由来已久了。因而撰写《点心单》。

梁昭明以点心为小食，郑傪嫂劝叔“且点心”，由来久矣。作《点心单》。

◆ 鳗　面 ◆

将一条大鳗鱼蒸到烂熟，去掉鱼骨头，将鱼肉剔下来，然后和入面里，加入适量的鸡汤将面团揉匀，擀成面皮，再用小刀将面皮划成细条，放进鸡汁、火腿汁和蘑菇汁中沸煮即可食用。

原文

大鳗一条蒸烂，拆肉去骨，和入面中，入鸡汤清揉之，擀成面皮，小刀划成细条，入鸡汁、火腿汁、蘑菇汁滚。

◆ 温　面 ◆

把细面放进锅子里煮，熟了之后沥干水分，放进碗里，再用鸡肉、香菇制成浓郁的卤汁，吃的时候，各自用汤瓢盛取肉卤加到面上即可食用。

原文

将细面下汤沥干，放碗中，用鸡肉、香蕈浓卤，临吃，各自取瓢加上。

◆ 鳝　面 ◆

将鳝鱼熬成卤汁，加入面条之后再煮沸。这是杭州人的烹制方法。

原文

熬鳝成卤，加面再滚。此杭州法。

◆ 裙带面 ◆

用小刀把面切成条状，要稍微宽一些，称为“裙带面”。一般人认为煮面总是以汤多较好，最好是碗里看不见面条，宁愿吃完之后不够再添，好引起吃面者的食欲。这种方法在扬州非常流行，似乎也蛮有道理的。

原文

以小刀截面成条，微宽，则号“裙带面”。大概作面，总以汤多为佳，在碗中望不见面为妙。宁使食毕再加，以便引人入胜。此法扬州盛行，恰甚有道理。

◆ 素　面 ◆

提前一天把蘑菇熬成汤汁，等待汤汁变得清澈；第二天再将笋子熬成汤汁，再把面放进去煮滚。这种烹制法以扬州定慧庵的僧人做得最好，但却不肯传授给别人。不过做法大致上也可以模仿得出来。那纯黑色的卤汁，有人说是偷偷放了虾汁和蘑菇原汁，只要沥掉汤汁中的泥沙渣滓，千万不要换水；因为一换水，原来的味道就变淡了。

原文

先一日将蘑菇熬汁，澄清；次日将笋熬汁，加面滚上。此法扬州定慧庵僧人制之极精，不肯传人。然其大概亦可仿求。其纯黑色的，或云暗用虾汁、蘑菇原汁，只宜澄去泥沙，不重换水；一换水，则原味薄矣。

◆ 蓑衣饼 ◆

将干面粉以冷水来和面，不可加太多的水。揉好之后将面擀薄，把面薄片卷起来再一次擀薄，然后把猪油、白糖均匀地撒在面皮上，再卷起来擀成薄饼，最后用猪油煎至金黄即可。如果想要吃咸的，可以用葱、花椒、盐来制作也可以。

原文

干面用冷水调，不可多，揉擀薄后卷拢，再擀薄了，用猪油、白糖铺匀，再卷拢，擀成薄饼，用猪油烙黄。如要咸的，用葱椒盐亦可。

◆ 虾　饼 ◆

将适量的新鲜虾肉加入少量的葱盐、花椒和甜酒，加点水和成面，再把面擀成饼，用香油炸透即可。

原文

生虾肉，葱盐、花椒、甜酒脚少许，加水和面，香油灼透。

◆ 颠不棱（即肉饺子）◆

先把面皮擀薄摊开，包上肉馅再蒸熟。这种做法的关键之处全在于制作肉馅的方法，那只不过是肉要嫩、去了筋加上适合的作料罢了。我到广东去旅游，在官镇台吃到的肉饺子特别好吃。里面用猪皮熬成膏状和肉馅一起包进饺子皮中，所以口感特别鲜美柔软。

原文

糊面摊开，裹肉为馅蒸之。其讨好处全在作馅得法，不过肉嫩、去筋、作料而已。余到广东，吃官镇台颠不棱甚佳。中用肉皮煨膏为馅，故觉软美。

◆ 薄　饼 ◆

山东孔藩台家做的薄饼，薄得像蝉翼一样，尺寸有茶盘那么大，吃起来十分柔润好吃极了。家里人按照孔家的做法做成的薄饼，都没办法与之相媲美，不知道是什么原因。陕西人有一种锡制的小罐子，可以装下三十张饼。每一位客人一罐，饼小得和柑橘差不多大小。锡罐附有盖子，可以用来贮藏薄饼。薄饼的馅用的是切成像发丝般细的肉丝和葱。也可以用猪肉和羊肉一起炒，称为“西饼”。

山东孔藩台家制薄饼，薄若蝉翼，大若茶盘，柔腻绝伦。家人如其法为之，卒不能及，不知何故。秦人制小锡罐，装饼三十张。每客一罐。饼小如柑。罐有盖，可以贮。馅用炒肉丝，其细如发。葱亦如之。猪、羊并用，号曰“西饼”。

◆ 面老鼠 ◆

用热水来和面，等到鸡汤烧开时，再用筷子把面团一小块、一小块直接夹断，丢进汤锅里，小面团块不必计较大小。汤里加入新鲜的菜心，吃的时候别有风味。

以热水和面，俟鸡汁滚时，以箸夹入，不分大小，加活菜心，别有风味。

◆ 肉馄饨 ◆

制作的方法和做饺子的方法是一样的。

作馄饨与饺同。

韭　合

把韭菜切成细末与肉馅一起搅拌均匀，再加入作料，用面皮包好，放进油锅里煎。如果在面里加些酥油会更好吃。

韭菜切末拌肉，加作料，面皮包之，入油灼之。面内加酥更妙。

烧　饼

将松子、胡桃仁敲碎，加上细糖、猪油一起和在面饼里，用火去烤，烤成两面焦黄时再加上芝麻即可。我家的厨娘扣儿会做烧饼，把面粉筛过四五次，颜色白得像雪一样。必须用两面锅，上下都用火去烤，如果再加一点奶酥就更好吃了。

原文

用松子、胡桃仁敲碎，加糖屑、脂油和面炙之，以两面煎黄为度，面加芝麻。扣儿会做，面箩至四五次，则白如雪矣。须用两面锅，上下放火，得奶酥更佳。

杏　酪

将杏仁捣成浆汁，滤去残渣，再把米粉拌进浆汁里，加糖去熬制即可。

原文

捶杏仁作浆，挍去渣，拌米粉，加糖熬之。

◆ 面　茶 ◆

熬煮粗茶的汤汁，把炒好的面加进去，也可以加一点芝麻酱，加入牛奶也可以，稍微加一小撮盐即可。没有牛奶可以用奶酥或奶皮来替代。

熬粗茶汁，炒面兑入，加芝麻酱亦可，加牛乳亦可，微加一撮盐。无乳则加奶酥、奶皮亦可。

◆ 粉　衣 ◆

做粉衣和做面衣的方法是一样的。加糖或加盐都可以，可以选择自己方便的来做。

如作面衣之法。加糖、加盐俱可，取其便也。

◆ 竹叶粽 ◆

用竹叶包裹白糯米再放进水中煮。形状尖小，像刚长出来的菱角似的。

取竹叶裹白糯米煮之。尖小，如初生菱角。

糖饼（又名面衣）

用糖水来和面，将油锅烧热之后，用筷子把生面饼夹进油锅中炸，炸好的饼叫作“软锅饼”，这是杭州人的做法。

人类最原始的甜点

人类历史上最原始的甜点，是用面粉、油与蜂蜜调和制成的圆饼。甜点通常被用来当作供奉神明的祭品。贫穷的埃及人因为买不起鹅、牛等牲畜来祭祀神明，因此就用制作成动物形状的糕点来代替。后来，在农村的婚礼或重要的庆典场合，也会使用甜点来作为重要的食品。由于当时还没有糖，因此，蜂蜜、无花果、枣、芝麻、香料等，就成为制作甜点时最广泛被使用的材料了。

原文

糖水溲面，起油锅令热，用箸夹入；其作成饼形者，号『软锅饼』。杭州法也。

千层馒头

杨参戎家制作的馒头，颜色白得像雪一样，掰开来像有一千层似的。金陵人不会做这种馒头。这种制作方法从扬州学会一半，从常州和无锡学会了另外一半。

最原始的面包

最原始的面包可以追溯到石器时代。

早期面包一直都是采用酸面团自然发酵的方法，直到十六世纪，酵母开始运用到面包的制作中。在古埃及、古希腊和古罗马时代，已经有面包和蛋糕的制作记录。在古埃及的一幅绘画作品中，就描绘了公元前1175年，底比斯宫廷中烘焙的场景，画面中可以看出多达16种面包和蛋糕。而有组织的烘焙作坊和模具，在当时已经出现了。

原文

杨参戎家制馒头，其白如雪，揭之如有千层。金陵人不能也。其法扬州得半，常州、无锡亦得其半。

◆ 萝卜汤团 ◆

把萝卜刨成丝然后煮熟，去掉萝卜特有的味道，然后稍微沥干，拌入葱和酱，放进粉团中做成馅，再用麻油去炸，或者也可以放入汤里煮。春圃方伯家制作的萝卜饼，我家的厨娘扣儿学会了，可以按照这种方法尝试去制作韭菜饼和野鸡饼。

萝卜刨丝滚熟，去臭气，微干，加葱、酱拌之，放粉团中作馅，再用麻油灼之，汤滚亦可。春圃方伯家制萝卜饼，扣儿学会，可照此法作韭菜饼、野鸡饼试之。

◆ 水粉汤圆 ◆

用水磨粉和成做汤圆的面团，口感非常滑腻，再用松仁、核桃、猪油、糖做成馅，或者是将嫩肉去掉筋丝将肉捶烂，加入葱末、酱油做成馅也可以。制作水磨粉的方法，是把糯米浸泡在水中一天一夜，然后连米带水磨制，再用布盛包起来，布下面加草木灰以去掉残渣，再把细粉晒干就可以拿来使用了。

用水粉和作汤圆，滑腻异常，中用松仁、核桃、猪油、糖作馅，或嫩肉去筋丝捶烂，加葱末、秋油作馅亦可。作水粉法，以糯米浸水中一日夜，带水磨之，用布盛接，布下加灰，以去其渣，取细粉晒干用。

◆ 软香糕 ◆

软香糕以苏州都林桥制作的为第一好吃。其次是西施家制作的虎丘糕。南京南门外报恩寺制作的软香糕，则算第三好吃的。

原文

软香糕，以苏州都林桥为第一。其次虎丘糕，西施家为第二。南京南门外报恩寺则第三矣。

◆ 栗糕 ◆

把栗子煮得极烂，用纯糯米粉加糖做成糕去蒸熟，糕上面放一些瓜子、松子。这是重阳节的小吃。

原文

煮栗极烂，以纯糯粉加糖为糕蒸之，上加瓜仁、松子。此重阳小食也。

◆ 青糕、青团 ◆

把青草捣烂榨出汁来，和在糯米粉里做成团子，颜色像碧玉一样。

捣青草为汁，和粉作粉团，色如碧玉。

◆

脂油糕

◆

用纯糯米粉拌上猪油，放在盘子里蒸熟，将捣碎的冰糖加入糯米粉中，蒸好之后用刀切开即可食用。

文艺复兴时期的甜点

史学家在十四世纪有关烹饪文献中，只能找到相当有限的甜点食谱，由于当时糖价非常昂贵，药剂师常把糖当作药来使用。到十五世纪时，仅有贵族会在菜肴里撒上糖粉，以示尊贵。

文艺复兴时代，果酱、糖果及杏仁面团成为上流社会的新宠，在皇宫贵族餐桌上，糖从此取代蜂蜜成为最重要的甜味原料。初具现代风格的西式糕点也大约出现在这一时期，糕点制作不仅革新了早期方法，而且品种不断增加。烘焙业已成为相当独立的行业，进入了一个新的繁荣时期。此时现代西点中两类最主要的点心，派和起酥相继出现。

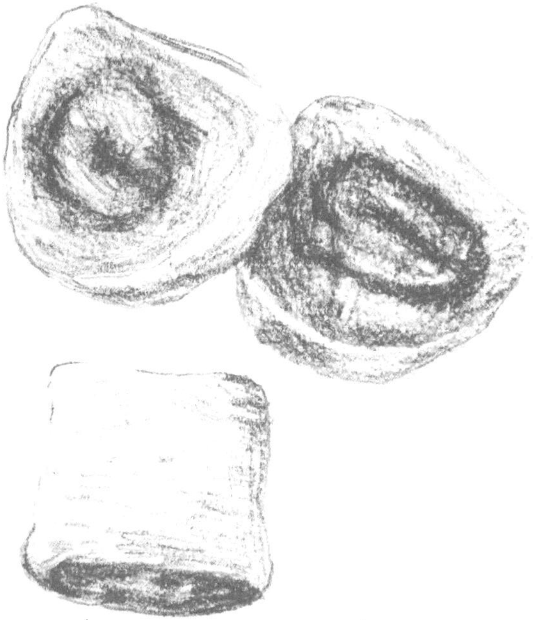

原文

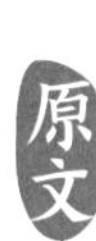

用纯糯粉拌脂油，放盘中蒸熟，加冰糖捶碎入粉中，蒸好用刀切开。

雪花糕

将蒸好的糯米饭捣烂之后，用捣碎的芝麻加糖做成馅，做成一大块饼，再切成小方块即可。

原文

蒸糯饭捣烂，用芝麻屑加糖为馅，打成一饼，再切方块。

百果糕

杭州北关外卖的百果糕最好吃。粉糯中松仁、胡桃仁比较多，里面不放橙皮丁的最好吃。这种糕点的甜味非蜜非糖，可以现吃，也可以久存。我家里的厨子没有人学会这种做法。

蜂蜜是最早的甜味剂

公元前四世纪，古希腊人最早在食物中使用蜂蜜作为甜味剂。古希腊人也曾经使用面粉、油和蜂蜜制作出一种煎油饼，并发明了许多用油与白乳酪做成的蛋糕，甜点制作从此成为希腊人研发的一项技艺。而古罗马人则制作了真正最早的乳酪蛋糕。公元前四世纪，罗马已经成立了专门的烘焙协会。

原文

杭州北关外卖者最佳。以粉糯，多松仁、胡桃，而不放橙丁者为妙。其甜处非蜜非糖，可暂可久。家中不能得其法。

◆ 合欢饼 ◆

像蒸饭一样去蒸糕，再用木印将蒸好的糕印好定型，形状就像小珙璧，放在铁架上烘烤，要稍微加一点油，糕饼才不会粘在铁架上。

蒸糕为饭，以木印印之，如小珙璧状，入铁架熯之，微用油，方不粘架。

◆ 鸡豆糕 ◆

将鸡豆磨碎，加少量的粉制作成糕，放进盘子里蒸熟。要吃前用小刀切开即可。

研碎鸡豆，用微粉为糕，放盘中蒸之。临食，用小刀片开。

◆ 鸡豆粥 ◆

把鸡豆磨碎之后煮成粥，新鲜的最好吃，放久一点的鸡豆也可以。再加一些山药、茯苓会更好吃。

磨碎鸡豆为粥，鲜者最佳，陈者亦可。加山药、茯苓尤妙。

◆ 金　团 ◆

杭州金团的制作方法，是在木头上凿成桃、杏、元宝等形状，再将和好的糯米粉捏成团，按入木头模子里定型。其馅可以用荤的，也可以用素的。

杭州金团，凿木为桃、杏、元宝之状，和粉搦成，入木印中便成。其馅不拘荤素。

◆ 藕粉、百合粉 ◆

藕粉如果不是自己家里研磨的，无法相信它是纯的真货。百合粉也是如此。

藕粉非自磨者，信之不真。百合粉亦然。

◆ 麻　团 ◆

把煮熟的糯米捣烂做成团子，里面用芝麻粉拌糖做成馅。

蒸糯米捣烂为团，用芝麻屑拌糖作馅。

芋粉团

把芋头磨成粉之后晒干，掺入米粉一起使用。朝天宫道士做的芋粉团，用野鸡肉做馅，很好吃。

磨芋粉晒干，和米粉用之。朝天宫道士制芋粉团，野鸡馅极佳。

熟　藕

把莲藕塞进糯米之后加糖去煮，最好带点汤汁。外面卖的大多用灰水去煮，味道都变了，不可以吃啊。我天生爱吃嫩的莲藕，虽是软熟但还是很有咬劲，因此味道全都可以吃得出来。如果是老莲藕一煮就成了软泥，便没有莲藕的味道了。

原文

藕须灌米加糖自煮，并汤极佳。外卖者多用灰水，味变，不可食也。余性爱食嫩藕，虽软熟而以齿决，故味在也。如老藕一煮成泥，便无味矣。

新栗、新菱

将刚刚生产的栗子煮烂，会有松子仁的香味。有些厨师不肯花功夫将栗子煨烂，因此有些南京人一辈子都不知道栗子的好滋味。刚刚生产的菱角也是如此，因为南京人总是要等到菱角放老了才肯吃。

原文

新出之栗，烂煮之，有松子仁香。厨人不肯煨烂，故金陵人有终身不知其味者。新菱亦然。金陵人待其老方食故也。

莲子

福建生产的莲子虽然比较名贵，但还不如湖南生产的莲子比较容易煮烂。一般在莲子稍微成熟时，就可以抽掉莲心、去掉莲皮，放进汤里用小火去煨煮。要盖好锅盖，不能随意打开来看，也不能随意熄火。这样大约两炷香的时间，莲子就熟透了，不会产生硬块来。

原文

建莲虽贵，不如湖莲之易煮也。大概小熟，抽心去皮，后下汤，用文火煨之，闷住合盖，不可开视，不可停火。如此两炷香，则莲子熟时，不生骨矣。

芋

十月天气晴朗的时候把小芋、芋头晒到很干时，放进干草中，不要让它们冻伤了。到第二年开春时，就可以煮来吃，会有自然的甜味溢出。一般人都不知道。

原文

十月天晴时，取芋子、芋头晒之极干，放草中，勿使冻伤。春间煮食，有自然之甘。俗人不知。

◆ 萧美人点心 ◆

仪真南门外，有一个萧美人很会做点心，像馒头、糕饼、饺类这些点心，都做得小巧可爱，颜色洁白如雪。

仪真南门外，萧美人善制点心，凡馒头、糕、饺之类，小巧可爱，洁白如雪。

◆ 刘方伯月饼 ◆

用山东生产的精制面粉来和面，做成酥皮，中间用磨成细粉的松子仁、核桃仁、瓜子仁，稍微加些冰糖和猪油来做馅，吃起来不会太甜，而是香松柔腻，与平常吃的月饼不一样。

用山东飞面，作酥为皮，中用松仁、核桃仁、瓜子仁为细末，微加冰糖和猪油作馅。食之不觉甚甜，而香松柔腻，迥异寻常。

◆ 白云片 ◆

白米制成的锅巴，薄得像绵纸，用油去煎烤，加上少量的白糖，入口极脆。南京人做得最好，称之为“白云片”。

南殊锅巴，薄如绵纸，以油炙之，微加白糖，上口极脆。金陵人制之最精，号“白云片”。

◆ 杨中丞西洋饼 ◆

用蛋清和飞面一起调成稠糊状，放入碗中。特制的铜夹剪一把，头上做成饼状，就像蝴蝶一般大小，上下两面，铜合缝处紧贴着不到一分宽。用大火烘烤铜夹，舀起面糊放进铜夹里，一勺面糊、夹紧铜夹、两面烘烤，一会儿便成了饼。颜色像雪一样白，也像绵纸一般透明，饼上面可以稍微加一些冰糖或松子仁屑末。

原文

用鸡蛋清和飞面作稠水，放碗中。打铜夹剪一把，头上作饼形，如蝶大，上下两面，铜合缝处不到一分。生烈火烘铜夹，撩稠水，一糊一夹一熯，顷刻成饼。白如雪。明如绵纸，微加冰糖、松仁屑子。

◆ 风 枵 ◆

将白粉浸透，制作成小片并用猪油去炸，起锅时加上糖一起拌匀，颜色白得像霜一样，入口即化。杭州人称为“风枵”。

原文

以白粉浸透，制小片入猪油灼之，起锅时加糖糁之，色白如霜，上口而化。杭人号曰“风枵”。

陶方伯十景点心

每到年节时，陶方伯夫人便会亲手制作十种点心，都是用山东的精致面粉做成的。奇形怪状且颜色丰富，吃起来都十分甘甜，品种多得令人目不暇接。萨制军说："吃过孔方伯家做的薄饼，天底下的薄饼都可以不吃了；吃过陶方伯家的十景点心，天底下的点心也都可以不吃了。"陶方伯死了之后，这些点心也像《广陵散》一样通通失传了。唉！令人唏嘘。

英式下午茶

英式下午茶其实源自于十六世纪的法国。太阳王路易十四吃饱饭后，闲来无事便在凡尔赛宫里与王公贵族天天举行下午的社交聚会。接着是在大航海时代的葡萄牙人发现了中国茶。十七世纪荷兰设立了"东印度公司"，大量进口东方的茶叶到欧洲。到了十八世纪，才传入英国的宫廷，于是效仿荷兰宫廷将喝茶当作王公贵族的特权与享受。

1840年一位英国上流社会的女士：贝德芙公爵夫人安娜女士，在下午时分因百无聊赖，便让女仆准备了少量的吐司、奶油和红茶。这种简便的饮食方式很快就成为了英国贵族们打发下午时光的一种绝佳方式。据说安娜用下午茶点心招待了维多利亚女王，据说女王高兴得和她一起研究了喝下午茶时应有的礼仪，因此带动了英国人喝下午茶的文化。

原文

每至年节，陶方伯夫人手制点心十种，皆山东飞面所为。奇形诡状，五色纷披。食之皆甘，令人应接不暇。萨制军云："吃孔方伯薄饼，而天下之薄饼可废；吃陶方伯十景点心，而天下之点心可废。"自陶方伯亡，而此点心亦成《广陵散》矣。呜呼！

三层玉带糕

用纯糯米粉做成糕饼，分为三层：上、下两层是用米粉制成，中间一层夹的是猪油和白糖，夹好之后拿去蒸，蒸熟后再切开来吃。这是苏州人的做法。

以纯糯粉作糕，分为三层；一层粉，一层猪油、白糖，夹好蒸之，蒸熟切开。苏州人法也。

运司糕

卢雅雨作运司，年纪已经很大了。扬州有家开糕饼店的人做了一种糕送给他，他觉得好吃，就大加称赞了一番，从此就有了“运司糕”这个名称。这种糕颜色洁白如雪，糕上点的胭脂红得像桃花。馅里的糖放的很少，味道虽淡却很美味。以运司衙门前面那家店做得最好吃，其他店所做的面粉既粗糙颜色也很差。

原文

卢雅雨作运司，年已老矣。扬州店中作糕献之，大加称赏。从此遂有“运司糕”之名。色白如雪，点胭脂，红如桃花。微糖作馅，淡而弥旨。以运司衙门前店作为佳。他店粉粗色劣。

沙　糕

糯米粉蒸糕，中间夹着用芝麻和糖做成的馅。

糯粉蒸糕，中夹芝麻、糖屑。

◆ 小馒头、小馄饨 ◆

把馒头做成像胡桃一样大小，用蒸笼蒸熟，吃的时候直接用蒸笼盛着。每筷子一次可以夹两个。这是扬州的点心。扬州人发酵的技术最好。用手将面团按下去，不会超过半寸，手松开之后还会隆起得很高。小馄饨做得就像龙眼一般大小，用鸡汤煮来吃。

原文

作馒头如胡桃大，就蒸笼食之。每箸可夹一双。扬州物也。扬州发酵最佳。手捺之不盈半寸，放松仍隆然而高。小馄饨小如龙眼，用鸡汤下之。

◆ 作酥饼法 ◆

用冷冻猪油一碗，开水一碗，先将油和水搅匀，再加入生面粉，将面团充分揉至柔软，像擀面饼一样，另外用蒸熟的面粉加入猪油，揉和在一起，不要揉得太硬。然后将生面团做成一个个像核桃大小的面团，再将熟面团也做成面团，但必须比生面团略小一圈，再将熟面团包在生面团里，擀成八寸长、二至三寸宽的长饼，然后折叠成碗状，再包上各种馅即可。

原文

冷定脂油一碗，开水一碗，先将油同水搅匀，入生面，尽揉要软，如擀饼一样，外用蒸熟面入脂油，合作一处，不要硬了。然后将生面做团子，如核桃大，将熟面亦作团子，略小一晕，再将熟面团子包在生面团子中，擀成长饼，长可八寸，宽二三寸许，然后折迭如碗样，包上穰子。

雪蒸糕法

每一次要磨细粉时，要以两分糯米、八分粳米的比例为标准，将两种粉拌匀之后，放在盘子中，仔细地用冷开水洒在上面，和面时以捏起来一团团的、撒开来像沙为标准。再将细粉用粗麻筛子筛过，剩下的大块要搓碎之后再筛，直到将全部的细粉筛完为止，然后将前后过筛的细粉和匀，干湿要适度。用毛巾将它盖住，以免被风和日照吹干、晒干，放在一边备用。如果水里能加一些糖就更美味了。拌粉与市场上卖的枕儿糕的做法是一样的。把制糕的工具锡圈、锡钱洗刷干净，要用的时候再以香油掺水，用布擦拭。每蒸完一次，一定要擦洗一次。每一个锡圈内，都要将锡钱放妥当了，先松松地装进一小半的粉，再把果馅轻轻闭放入其中，然后将粉松松地装满整个锡圈，轻轻地抚平，套在汤瓶上盖好，以瓶盖口的热气可以直冲起来为准。蒸好之后取出来倒扣，先去掉锡圈，然后再去掉锡钱，用食用胭脂点一下。两个圈更替着使用。一只汤瓶应该先洗干净，将水注入其中，直到瓶肩为止。然而煮久了水就容易干掉，应该要留心察看，准备好热水随时可以添水。

每磨细粉，用糯米二分，粳米八分为则，一拌粉，将粉置盘中，用凉水细细洒之，以捏则如团、撒则如砂为度。将粗麻筛筛出，其剩下块搓碎，仍于筛上尽出之，前后和匀，使干湿不偏枯。以巾覆之，勿令风干日燥，听用。水中酌加上洋糖则更有味，拌粉与市中枕儿糕法同。一锡圈及锡钱，俱宜洗剔极净，临时略将香油和水，布蘸拭之。每一蒸后，必一洗一拭。一锡圈内将锡钱置妥，先松装粉一小半，将果馅轻置当中，后将粉松装满圈，轻轻搅平，套汤瓶上盖之，视盖口气直冲为度。取出覆之，先去圈，后去钱，饰以胭脂。两圈更递为用。一汤瓶宜洗净，置汤分寸以及肩为度。然多滚则汤易涸，宜留心看视，备热水频添。

◆ 天然饼 ◆

泾阳张荷塘明府家做的天然饼，选用上等的白面粉，加入少量的糖及猪油做成酥饼，并随意捏成各种饼状，像碗一般大小，方、圆形状不拘，厚大约二分。再用洁净的小鹅卵石衬在下面烘烧，饼随着鹅卵石的起伏而自然形成凹凸，颜色半黄时便可起锅，这种饼既酥松又美味。也可以用盐制成咸饼。

原文

泾阳张荷塘明府家制天然饼，用上白飞面，加微糖及脂油为酥，随意搦成饼样，如碗大，不拘方圆，厚二分许。用洁净小鹅子石衬而熯之，随其自为凹凸，色半黄便起，松美异常。或用盐亦可。

◆ 花边月饼 ◆

明府家制作的花边月饼，不比山东刘方伯家的差。我曾经用轿子接他家的厨娘来随园制作花边用饼，看到她用上等的白面粉拌生猪油，反复揉搓至少百次以上，才将枣肉做成的馅嵌进面团中，然后裁成像碗一般大小，用手将四边捏成菱花状。再用两个火盆，上下合在一起烤。枣子不需要去皮，而是要保留它的鲜美滋味；油也不需要先蒸熟，也是要取其清新滋味。吃的时候含在嘴里就会化了，甜而不腻，松而不滞，其功夫全在面团的揉捏上，揉捏的次数越多越好。

原文

明府家制花边月饼，不在山东刘方伯之下。余尝以轿迎其女厨来园制造，看用飞面拌生猪油子团百搦，才用枣肉嵌入为馅，裁如碗大，以手搦其四边菱花样。用火盆两个，上下覆而炙之。枣不去皮，取其鲜也；油不先熬，取其生也。含之上口而化，甘而不腻，松而不滞，其工夫全在搦中，愈多愈妙。

◆ 制馒头法 ◆

偶而吃到新明府家的馒头，颜色洁白得像雪，表面泛着银光，我以为那是因为用北方的面粉做成的缘故。但主人却说不是如此。面粉是不分南北的，但一定要筛得极细，筛到第五次之后，面粉自然就会变得又白又细，不一定是北方面粉的缘故。只是最难掌握的是发酵的时间。我邀请新明府的厨师来教，学了之后还是达不到又松又软的效果。

原文

偶食新明府馒头，白细如雪，面有银光，以为是北面之故。龙云：不然，面不分南北，只要罗得极细；罗筛至五次，则自然白细，不必北面也。惟做酵最难。请其庖人来教，学之卒不能松散。

◆ 扬州洪府粽子 ◆

洪府制作的粽子，是选用最高级的糯米，挑选其中颗粒完整、颗粒较长、颜色白的，去掉只有半颗、散碎的糯米，仔仔细细地淘洗，再用大竹叶包裹起来。中间放一大块上好的火腿，盖上锅子闷煨一天一夜，柴火不可中断。粽子吃起来滑腻柔软，肉与米都融化在一起。也有人说：是把肥火腿切碎，散放在米中的缘故。

原文

洪府制粽，取顶高糯米，捡其完善长白者，去其半颗散碎者，淘之极熟，用大箬叶裹之，中放好火腿一大块，封锅闷煨一日一夜，柴薪不断。食之滑腻温柔，肉与米化。或云：即用火腿肥者斩碎，散置米中。

图书在版编目（CIP）数据

随园食单：不负好食光：畅销200多年的传奇菜谱：全译+典故+注释本 /（清）袁枚著；许汝纮编注；曹云淇绘. — 北京：中国轻工业出版社，2024.1

ISBN 978-7-5184-2692-8

Ⅰ. ①随… Ⅱ. ①袁… ②许… ③曹… Ⅲ. ①烹饪—中国—清前期 ②食谱—中国—清前期 ③中式菜肴—菜谱—清前期 Ⅳ. ①TS972.117

中国版本图书馆 CIP 数据核字（2019）第220359号

责任编辑：钟　雨　　责任终审：劳国强　　整体设计：锋尚设计
策划编辑：伊双双　钟　雨　　责任校对：晋　洁　　责任监印：张　可

出版发行：中国轻工业出版社（北京鲁谷东街5号，邮编：100040）
印　　刷：艺堂印刷（天津）有限公司
经　　销：各地新华书店
版　　次：2024年1月第1版第5次印刷
开　　本：710×1000　1/16　印张：22
字　　数：270千字
书　　号：ISBN 978-7-5184-2692-8　定价：68.00元
邮购电话：010-85119873
发行电话：010-85119832　010-85119912
网　　址：http://www.chlip.com.cn
Email：club@chlip.com.cn
如发现图书残缺请与我社邮购联系调换
232396S1C105ZYW

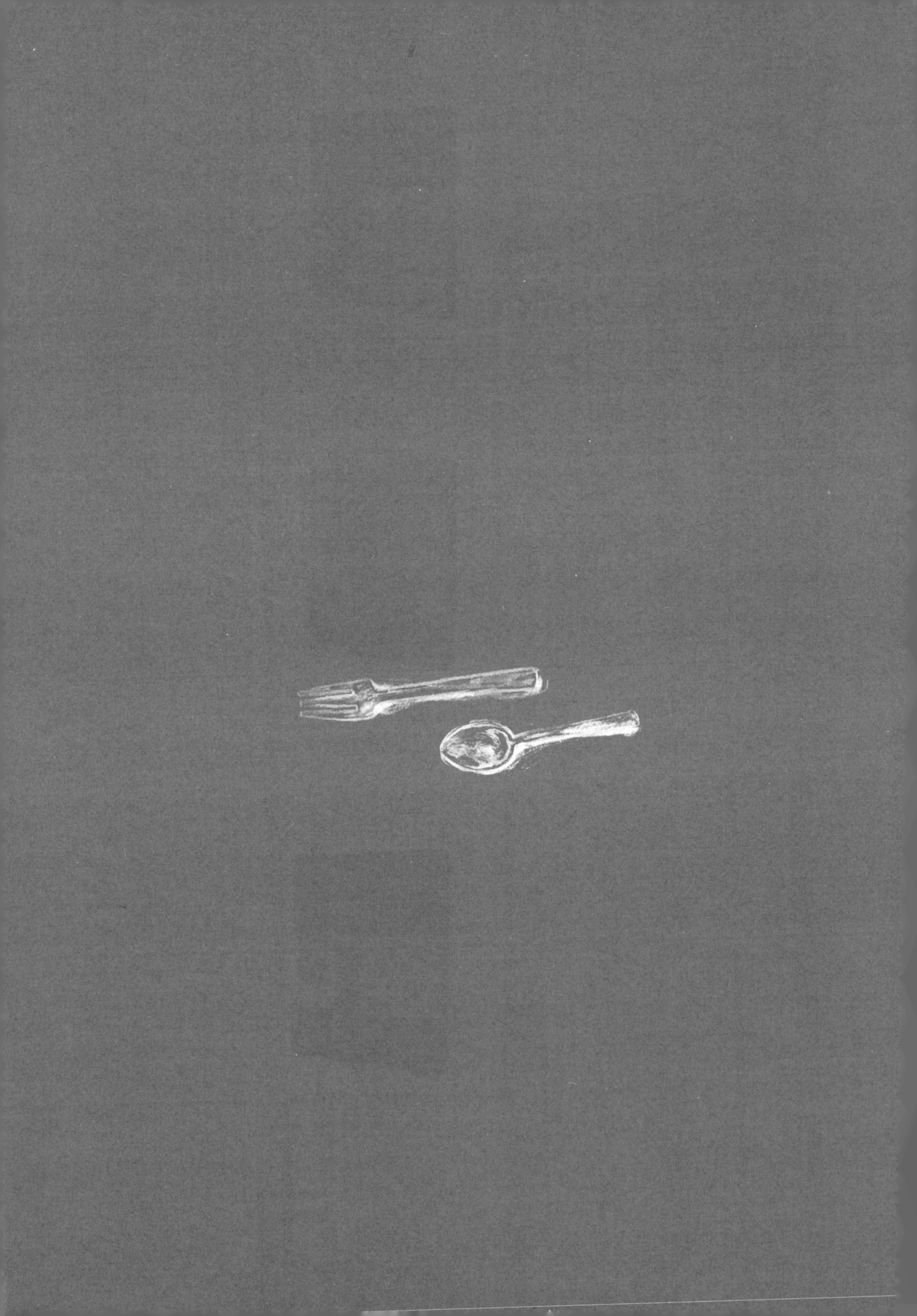